サンゴしょうのおとぎ話

なかよし家族の観察ノート

土屋 誠 著

サンゴしょうのおとぎ話

　この本には、とてもなかよしの家族が、サンゴしょうの海岸で生き物の観察をしながらお話をしている様子がえがかれています。海岸を歩いているのは、おとうさんとおかあさん、そして3人の小学生の子供たち。名前をユウ君、ユキちゃん、シン君といいます。

　真夏の暑い日曜日、太陽の光がさんさんとふりそそいでいます。なかよし家族が沖縄(おきなわ)のサンゴしょうの海岸にやって来ました。ちょっと小高いおかの上から見るサンゴしょうはエメラルドブルーにかがやき、海辺には白い砂はまが続いていてとてもきれいです。遠くの方の岩には波が砕(くだ)けていて、海岸に大きなプールがあるみたいです。子供たちはもう大はしゃぎ。

　さっそく海辺に下りて歩き始めました。岩がゴツゴツしているので、つまずかないように注意しながら歩いています。おかあさんは一番小さいシン君の動きがとても心配です。シン君は元気いっぱいでこわいもの知らず、いつもちょこまか動き回っているからです。

　このなかよし家族はサンゴしょうの海岸を歩きながら、どんな観察をするのでしょうか？

もくじ

1. サンゴしょうってなあに？　　4ページ
2. 海面は動く：潮の満ち引き　　7ページ
3. 桃から生まれた桃太郎　　12ページ
4. 動かない動物　　21ページ
5. 一寸法師の鬼退治　　27ページ
6. サンゴにこぶがある　　33ページ
7. 暑い夏には打ち水　　37ページ
8. 磯の生き物は水が嫌い？　　43ページ
9. サンゴしょうをこわす生き物がいる？　　48ページ
10. イモガイの食事と穴の使いみち　　53ページ
11. 魚の畑仕事　　57ページ
12. ゴカイの恩返し　　62ページ
13. 美しいサンゴしょうの水の秘密　　67ページ
14. ともに白髪が生えるまで　　72ページ
15. 大事件発生　　78ページ
16. おどり明かそう　　83ページ
17. ウデフリクモヒトデのアドバイス　　87ページ
18. 天然記念物のオカヤドカリ　　91ページ
19. 浦島太郎が助けたカメ　　95ページ
20. 海辺に流れ着くもの　　101ページ

アーマン博士の解説★
さらに詳しい内容を「アーマン博士」が解説します。
※アーマンとは、沖縄の方言で「オカヤドカリ」のことです。

1 サンゴしょうってなあに？

いろいろな形のサンゴ

ユウ君がおかあさんに質問しています。
「ねえ、おとうさんとおかあさんはサンゴしょうって言っているけど、サンゴしょうってなあに？」
おかあさんは少し考えた後に「サンゴがたくさんいる海のことだよ」と答えました。
すかさず「サンゴって？」とユウ君が質問を続けます。
少し歩くと、大きな水たまりにやってきました。そこにいる生き物を見つけてユキちゃんが声を上げました。
「わあ、真っ青なお魚が泳いでいる。かわいい。黒いスジがある魚もいるけど、ユキが近づいたら木の枝みたいなものの中に入っちゃった」
高等学校で理科を教えているおとうさんはちょっと得意げにお話しています。
「あの木の枝みたいに見えるものがサンゴだよ。となりにはバスケットボールみたいなサンゴがあるね（図1－1）。サンゴの形はいろいろあるんだよ」
ユウくんとユキちゃんはわからなくなってきました。

図1－1　サンゴの形。木の枝のような形をしたサンゴのまわりをミスジリュウキュウスズメダイが泳いでいます。バスケットボールのような丸いサンゴもあります。

■ サンゴは魚のおうち？

「サンゴって生き物なんでしょ。でも動かないみたい」
「あれは石じゃないの？」 
　おとうさんが答えます。
「サンゴはね、赤ちゃんのときは水の中を泳いでいるけど、大きくなると岩にへばりついて動かなくなってしまうんだ。後でくわしく教えてあげる」
　ユキちゃんは先ほどの質問を続けます。
「サンゴはお魚のおうちなの？」
　ユキちゃんはとても大切な質問をしたのですが、まだ誰もその大切さに気づいていません。
　まだ最初の質問にすべて答えていませんね。サンゴしょうってなんでしょう。おかあさんがユウ君にお話しています。
「サンゴしょうにはサンゴや魚だけでなく、エビやカニや貝がとてもたくさんすんでいるよ」
　シン君が突然大きな声で言いました。
「いっぱい生き物がいたらケンカするんじゃないの。みんな仲良しなの？」
　この家族の会話を大学の先生が聞いていたら、きっとびっくりするでしょう。だって、大学生が勉強するような話題が次から次へと出てきているんですから。

図1－2
海岸で拾ったサンゴの骨

骨が石になり岩になる

　おとうさんは最初にサンゴしょうについてもう少しくわしくお話しようと思いました。
「本当にサンゴはかたいから石みたいだね。みんなの足もとの岩も昔は生きているサンゴだったんだ。死んだサンゴの骨(図1－2)が石になり、全部つながってとても大きな岩になってしまった」
「そうか、サンゴには骨があるから硬いんだ」とユウ君は納得したようです。
　でもユキちゃんは「じゃあ、木の枝みたいなサンゴやバスケットボールみたいなサンゴは、古いサンゴの上で暮らしているの？　小さな魚たちのおうちはサンゴが作ってあげているの？」とまだまだ不思議そうな目でおとうさんを見つめています。

多くの生き物がかかわる海

　そうなのです。サンゴしょうはサンゴが長い時間をかけて作り上げた岩の上で、たくさんの生き物がいろいろな関わりあいを持ちながら暮らしている海なのです。
　サンゴしょうで生き物たちは、助け合ったり、たたかったり、他の生き物を食べてしまったり、あるいはサンゴしょうをけずりながら生活しています。生き物たちのさまざまな暮らしを観察していると、まるでおとぎ話の世界にいるようです。
　では、これからこのなかよし家族が観察したサンゴしょうの楽しさや面白さ、生き物の暮らしの不思議さについてお話しましょう。

2 海面は動く：潮の満ち引き

■ キノコ岩の成り立ち

　海岸に下りてくるとき、奇妙な岩に出会いました。キノコみたいです（図2−1）。近くの大きな岩も下のほうがえぐれて細くなっています。こどもたちはめずらしそうに岩の形を観察しています。

ここは波が強く当たってけずられたところだよ。長い間波が当たり続けると、かたい岩もくぼんでしまうんだよ

おとうさん、どうしてこの岩はキノコみたいなの？こっちも下のほうがへこんでいるよ、どうして？

図2−1　下のほうがえぐられているキノコ岩。右側の写真に写っている海岸ではえぐられた部分が2段になっています。大昔は上の部分が海面近くにあったのでしょうか。

サンゴしょうを歩く

「遠くのほうで波が白く見えるのはなぜ？」
「波が白く見えるところに岩が見えるだろう。とても浅いんだ。今のように潮が引くと岩が海面より上に顔を出すので、そこを歩くことができるよ」
　子供たちには、おとうさんに聞きたいことがたくさんあります。
「潮が引くってどういうこと？」
　小さいシン君にはわけがわかりません。
「岩がけずられてきのこ岩になるには何年ぐらいかかるの？」
「白い波が見える先はどうなっているの？」
　おとうさんは一つずつ説明をします。
「なぜ今日サンゴしょうに来たと思う？」
「今日は日曜日だからじゃないの？」
「実はもう一つ理由があるんだ。今日はサンゴしょうの海岸を歩きやすい日なんだよ。今、目の前には大きなプールがあるだろう。でも何時間かたつと水が増えてきて外側の海とつながってしまう。ここは全部水の下になってしまう（図2-2）」

図2-2
潮が満ちているサンゴ礁（上）。潮が引くと大きなプールや平坦な岩場があらわれます（下）。

なぜ潮の満ち引きが起きるか

「水でいっぱいになれば歩くことはできないね。でもどうして水は増えたり減ったりするの？」

「それは月が地球の水をひっぱっているからだよ。引力というのを知っているかい？絵で説明しよう」

おとうさんが絵で説明してくれました（図２−３）。

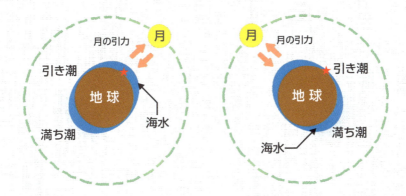

図２−３　潮の満ち引きの仕組み。満ち引きは地球（茶色）と月（黄色）の位置の関係で起こります。青い部分は海です。今、私たちは星印（赤色）の場所にいるとします。海水が月の引力によって引っ張られ、左の図のようにふくれあがっているときは満ち潮です。地球の自転の遠心力の影響（えいきょう）で、地球の反対側も満ち潮になります。月の位置が右の図のようになったとき、あなたがいる場所は海水面が低くなるでしょう。これが引き潮です。月は地球の周りを１日でほぼ１周しますから、満ち潮と引き潮が１日に２回起こることになります。地球は太陽の周りをまわっています。太陽の引力も海水のふくらみ方に影響しており、潮の満ち方や引き方は１年のうちでも変化します。

潮が引いているときに出かけよう

「水がいっぱいになっているときを満ち潮、水が少なくなっている時を引き潮というよ」

「そうか、潮が満ちてくると波がきのこ岩の下にあたるんだ」とユウ君がきづきました。

「うん、きのこ岩が出来上がるまでに何千年もかかると言われているよ」

「何千年ってどのくらい長いのかなあ？」と子供たちなりに考えていますが、

想像するのが難しいようです。
「サンゴしょうの生き物を観察するには潮が引いているときが一番いいね。だってあっちこっちにいけるもん」
「今は潮が引いているから波が遠くの岩にあたっている。あの辺りまで行ってみよう」

自然のプールを観察

　おとうさんはサンゴしょうの地形について話し始めました。
「遠くの波が当たっている岩の先は急に深くなるんだ。あそこはサンゴしょうのふちなので『しょうえん部』と呼ばれているよ」
「面白(おもしろ)い生き物がいるの？」とユキちゃんが聞きます。
「それは後のお楽しみ。目の前の大きなプールはしょう池という。沖縄(おきなわ)ではイノーと呼んでいるね。潮が引いているとき、プールの周りにできている平らな所はしょう原だ」
「平らな所はプールのこちら側にも、向こうにもあるよね（図2－4）」
　ユウ君はなかなか素晴(すば)らしい観察力を持っています。
「潮が引いていると、サンゴしょうの地形も観察しやすいと思わないかい？」

図2－4　サンゴしょうの地形

🔖 満ち引きの大小や時間

「潮が引く時間はきまっているの？」とユウ君がするどい質問をします。

「一日に2回満ちてきて、2回引くのがふつうだけど、その時刻は毎日違う。今日は何時ごろ潮が引くかは新聞で調べることができるよ。もちろんインターネットでも調べることができる」

「大潮や小潮ということばもあるよね」とおかあさんが言いました。

「お月さまが丸くなったり、三日月になったりすることを知っているだろう。丸くなるときのお月さまは満月だね。ほとんど見えなくなるときは新月という。満月や新月のあたりで満ち潮の時の海面は最も高くなるし、引き潮の時の水面が低くなる。これが大潮」

「お月さまが半分の時は小潮と言って、あまり潮が引かないし、満ち潮でもあまり海面が高くならない」

「引力の違いね」とおかあさんがまとめてくれました。

🔖 遊ぶときの注意

沖縄では春の潮が良く引いているときに、貝などをとって楽しむ「浜下り」という行事を行います。正確に言うと旧暦の3月3日に行われます。昔の人は、このころに潮が良く引くことを知っていたのでしょう。

ひがたでアサリなどをほって楽しむ潮干狩りと同じですね。

「ひがたとちがってサンゴしょうはゴツゴツしているから注意する必要がある。いつまでも遊んでいて潮が満ちてくることに気付かず、帰り道が水でいっぱいになっていることがあったよ。サンゴしょうで遊ぶときは、潮が引いたり満ちたりする時間だけでなく、満ち潮の時にはどこまで水がやってくるか、など、いろいろ調べておかなければいけない」とおとうさんが大切なことを教えてくれました。

3 桃から生まれた桃太郎

■ 動物の体の中にすむ植物

　おかあさんが面白い話を始めました。
「みんながようちえんに通っていたころ、桃太郎のお話しをしてあげたことを覚えている？　かぐやひめのお話はどうかな？」
　おかあさんは何故おとぎ話について話し始めたのでしょう。3人の子供たちにはまだわかりません。

「桃太郎は『もも』から、かぐやひめは『竹』から生まれてきたことは覚えているでしょう。」
　3人ともおかあさんに本を読んでもらうことが大好きだったので、桃太郎やかぐやひめのお話はもちろん覚えています。
「桃太郎やかぐやひめは人間ではないかもしれないけど、『植物』から『人間に似た生物？』が生まれてきたということよね。サンゴしょうには、『植物』が『動物』の体の中にすんでいる、という本当のお話があるんだよ」

潮だまりのサンゴ

　一番年上のユウ君でもどんなお話が始まるかわかりません。あいかわらず不思議そうな顔でキョトンとしています。
　おかあさんはおとうさんにお願いします。
「おとうさんにサンゴについてくわしく教えてもらおうね」
　さあ、おとうさんの出番です。みんなの目の前にある大きな水たまりにはさまざまなかたちをしたサンゴを見ることができますよ（図3―1）。

図3－1
潮だまりで見られるさまざまなサンゴ。上の写真のテーブル状のものや枝状のものはミドリイシの仲間、下の写真には大きな葉が集まっているようなコモンサンゴのなかまも写っています。

いろんな形のさんごがいるんだね

サンゴの口

「みんなの前にある水たまりをのぞいてごらん。海岸では水たまりのことを潮だまりと呼んでいる」

潮だまりをのぞいてみると、丸いかたまりのようなサンゴ、枝分かれをしたサンゴ、小さな板がたくさんあつまったようなサンゴなど、さまざまな形のサンゴが観察できました。

「サンゴに近づいて表面を良く見てごらん。ボツボツと小さな穴が開いているように見えるだろう（図３－２）。これはサンゴの口だよ」

しょく手を伸ばすと‥

いそぎんちゃくみたいだわ！

図３－２

サンゴは通常多くの個体（ポリプ）が集まった群体で、それぞれの中央にある口の周りにはしょく手が伸(の)びています。
左上の写真はキクメイシの一種のしょく手が体の中に納まっている状態で、しょく手を伸ばすと右上のようになります。
クサビライシのなかまは例外で、1個体でも大きくなります(右)。
（上２点：撮影　日高道雄）

ユキちゃんは変な顔をしています。
「サンゴには口がたくさんあるの？何か変」
　ユキちゃんの疑問はもっともです。おとうさんはどのように答えるのでしょう。
「今、みんなが見ているサンゴはひとつのかたまりだけど、これは1匹じゃない。何千匹もが集まって出来たかたまりで群体というんだよ」

アーマン博士の解説★
個体が多数集まった群体

　私たちが観察しているサンゴは1個体ではなく、ポリプと呼ばれる個体が多数集まってできている群体なのです。クサビライシのなかま（図3-2）は例外で、大きくても1個体です。それぞれのポリプの体のつくりは「イソギンチャクの形（図3-3）に似ている」と言えば想像できるでしょうか。

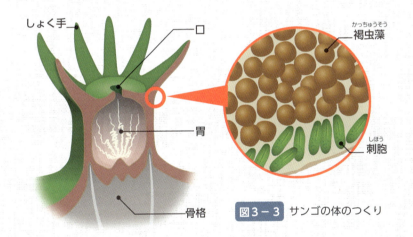

図3-3　サンゴの体のつくり

■ プランクトンをとらえる道具

　おとうさんは説明を続けます。
「一つ一つの口からやわらかそうな短いヒモが出ていることがあるよ（図3-2）。昼間はあまり見えないけどね。これはしょく手といって動物プランクトンをとらえる道具なんだ。この中に小さな植物がすんでいるよ。これがおとぎ話のはじまり」

アーマン博士の解説★
しょく手の中にあるもの

　　しょく手の先たんを2,3ミリメートルくらいピンセットでつまみとり、軽く押(お)しつぶしてけんびきょうで見ると、かっ色をした丸い褐虫藻(かっちゅうそう)と呼ばれる藻類(そうるい)が、数えきれないほどたくさん目に入ってきます。100～200倍の倍率で観察するとかっ色の点が散らばっているという印象を受けるかも知れません(図3-4)。直径は約10ミクロンで、サンゴの1個のさいぼうの中に2～3個体の褐虫藻がすんでいます。

　しょく手の中にはもうひとつ細長いカプセルのようなものが見えます。これは刺胞(しほう)といって、ますい薬と針が入っています。しょく手がプランクトンにふれると針が飛び出し、ますい薬が注射されます。プランクトンの動きがにぶくなったとき口の中に運ぶのです(図3-5)。

　注)許可を得ないでサンゴを採集することは禁止されていますから、実際に褐虫藻をけんびきょうで観察するためには専門家にお願いする必要があります。

図3-4　褐虫藻(かっちゅうそう)

直径10ミクロン 100分の1ミリです。

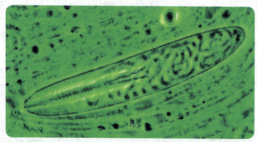

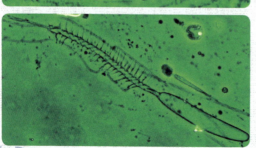

図3-5
刺胞(しほう)。上は針がカプセルに入っている状態で、下は針が飛び出した状態です。(撮影:日高道雄)

針が飛び出す？ 注射器？

植物との助け合い

　少したいくつしていた子供たちでしたが、ようやくおとぎ話がはじまりそうなので目がかがやいてきました。
「サンゴの体の中にとても小さな植物がたくさんすんでいて、おたがいに助け合っているんだよ」
　ユキちゃんは先ほどサンゴの枝の間に入りこんだ魚を思い出しています。
「その植物はサンゴにおうちを貸してもらっているの？」
「そうだよ。サンゴは植物がつくる栄養をもらっているよ」とおとうさんが説明します。
　でも動物の体の中に植物がすんでいるなんて不思議ですね。
「植物は太陽の光がないと暮らしていけないことを学校でならっただろう。だからサンゴが植物と助け合って暮らすためには、浅くて太陽の光が届く場所を選ばなければならない」

サンゴが白くなる

「あっ、何か生まれている」とユウ君がさけびました。
　今日はとても暑い日です。潮だまりに手を入れるとおふろのよう。ハマサンゴからもやもやとしたものが流れ出ています（図３－６）。

図３－６　ハマサンゴから追い出されている褐虫藻（かっちゅうそう）

「サンゴから褐虫藻が出てきているね。とても暑い日にはサンゴの体の中にいられなくなって出てきてしまうらしい。サンゴが追い出しているのかもしれないね」

おかあさんが続けます。

「褐虫藻が全部抜け出てしまうとサンゴは真っ白になるんでしょう。白化というんだよね」

「そう。サンゴの体は、無色とうめいだったり、あわい色がついたりしている。私たちは普だん、褐虫藻の色を見ていることになるね。褐虫藻がいなくなると、とうめいな体を通して白い骨がすけて見えるようになる。これを、白くなってしまう、という意味で白化とよんでいるよ（図3－7）」

図3－7　1998年の夏、多くのサンゴが白化したしょう原（上）と白化したハナヤサイサンゴ（下）。

褐虫藻（かちゅうそう）と共生

「植物がサンゴの体から出て行ってしまうと、サンゴはどうなるの？」とユウ君がききました。
「この褐虫藻（かっちゅうそう）という植物は海水の中にもいる。白化したサンゴの体に入ってきて増えることもあるよ。そうすればサンゴはもとどおりだ」
「入ってこなかったらどうなるの？」
「その時はサンゴは食べ物が足りなくなって死んでしまうだろうね。つまりサンゴは褐虫藻に家を貸してあげている代わりに、褐虫藻から食べ物をもらっていることになる。サンゴと褐虫藻は助け合っているんだね。これを共生という」

　最近、サンゴが白くなるようすが世界のあちこちのサンゴしょうで観察されるようになりました。地球温暖化が原因であろうと考えられています。
「地球温暖化って聞いたことがある」とユウ君。
　おとうさんはうなずいています。
「サンゴは地球が暖かくなっていることを人間に教えてくれているのかもしれない」

アーマン博士の解説★
褐虫藻と共生しないサンゴ

　　この本のお話に出てくる「サンゴ」とは、主としてかたい石灰質(せっかいしつ)の骨格をもっており、褐虫藻(かっちゅうそう)が共生している造しょうサンゴというグループを指しています。ブローチやネクタイピンを作るサンゴもなじみ深いものですが、これらは水深が100〜200メートルの深いところに暮らしている別のグループで、褐虫藻は共生していません。

🟦 口とおしりがいっしょ

　おとうさんは、サンゴはしょく手を伸ばして動物プランクトンを捕らえると言いました。とらえられたプランクトンはしょく手のねもとにある口に運ばれます。消化管は袋になっていて、その中で消化されます。不要になったものは再びその口から出されます。つまり先ほど口と呼んだものはこうもんでもあるわけです。

　「サンゴはスーパーのふくろなの？」とユキちゃんが言います。

　「そうだね。口とおしりがはなれた場所にある人間とは違うね」とおとうさん。

　ユウ君が「人間の体はトイレットペーパーのしんみたい」と言うと、「うまい、そのとおり」とおとうさんにほめられました。

　シン君はおやつをもらい、にこにこしながらみんなの話を聞いています。

4 動かない動物

岩の上で暮らすサンゴ

　ユキちゃんが質問しています。
「動物って動く生き物のことだよね？」
　おとうさんはちょっと困った顔をしています。動物とはどのような生き物か子供たちにわかりやすく説明するのが難しいからです。
「確かに動くことが動物の特ちょうだけど、ほかにも大きな特ちょうがあるよ。でも今は説明するのが難しいので大きくなってから勉強しよう」
「サンゴは動物だけど動かないね」とユウ君が言いました。
「今日、潮だまりで見ているサンゴは岩の上にくっついているので動かないね」
「赤ちゃんの時には動くってどういうこと？」とユウ君が前におとうさんが言った言葉を思い出しています。

生き物をグループ分け

　サンゴしょうで暮らしている生き物はいろいろなグループに分けることが出来ます。スイスイと泳いでいる魚たち、海底をゆっくり動くカニやナマコのなかま、岩にへばりついて動かないカキやフジツボのなかま（図4－1）、自分で動くことはできないけれども波が来るとゆらゆらとゆれる海藻・海草のなかま、海水の中をただよっている目では見えないプランクトン、などです。プランクトンとは水の中に浮かんでいる小さな生き物で植物も動物もいます。多くの動物たちは生まれたあと、しばらくの間はプランクトンとして過ごします。

図4－1　岩に付着して動かないカキとフジツボのなかま

アーマン博士の解説★
海藻（かいそう）と海草はどう違うか

　　　　海藻（かいそう）と海草の区別をする必要があります。海藻（図4－2）は、花は咲（さ）かず、胞子（ほうし）によって子孫を増やす植物です。特ちょうは、根・茎（くき）・葉の区別がないことです。根のような形をした構造はありますが、海藻の根の役割は岩に固着することです。海草（図4－3）とは、花をさかせ種子を作って繁殖（はんしょく）する植物で、私たちが庭や学校で見る植物のなかまです。海草を「うみくさ」と呼ぶと区別しやすいかもしれません。海草はジュゴンの食べ物としても良く知られています。

図4-2　サンゴしょうでよくみられるかいそう（海藻）。ラッパモク（左）とウスユキウチワ（右）

海草はイネやチューリップと同じ仲間なんだね

海草大好き

図4-3　海草のなかま。リュウキュウスガモ（左）とウミヒルモ（右）

🔹一斉に卵を産むサンゴ

「ほとんどのカニや貝、サンゴのなかまの赤ちゃんは水の中に浮かんでいるからプランクトンだね。少しは動くことが出来るけど、水の動きであっちに運ばれたり、こっちに運ばれたりしている」

　おとうさんはサンゴについてお話を続けます。
「たくさんのサンゴが一斉に卵を産む（図4－4）ことが毎年テレビや新聞で報道されるよ。水族館で見せてくれることもある」
「見たい、見たい」と子供たちが騒いでいます。
「それを見ることができる季節は決まっているんだよ。沖縄では5月か6月だな」
「ふーん、今は夏だから来年まで待たないといけないんだ。つまんないの」

宇宙の星みたいだぁ～

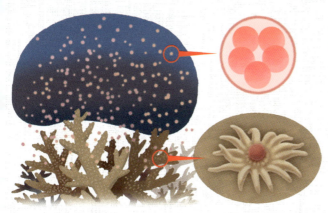

図4-4

一斉(いっせい)産卵(さんらん)と有性生殖(せいしょく)。サンゴの口から卵のような丸いものが生まれています。これは一つの卵ではなく、中には数個の卵と無数の精子が入っています。海面近くで割れて卵と精子が受精しますが、同じポリプから生まれた卵と精子は受精しないようです。

■ サンゴが生み出す命のカプセル

「毎年、5月になるとサンゴが卵を産んでいる写真が紹介されるけど、写っているのは一個一個の卵じゃないことを知っているかい」

何のことかわからない子供たちはポカンとして聞いています。おかあさんは写真を思い出したようです。

「サンゴの口から卵が一個ずつ出てくると思っていたけど違うのね」

「あのカプセルには数個の卵とたくさんの精子が入っているらしい。それが海の中で受精するんだ。でもサンゴの体の中『サンゴの袋の中』で受精して幼生(赤ちゃん)の形で生まれてくるサンゴもあるらしい」

だんだん複雑になってきました。こどもたちが大きくなったら詳しく教えようとおとうさんは考えています。

■ 岩の上で分裂の繰り返し

「このプランクトンとして海に浮かんで暮らしている赤ちゃんが少し成長すると岩の上に降りてきて、ノリで貼り付けられたようになってしまう。親のサンゴと同じ生活を始めるよ」

「そのときは1匹かな?」とおかあさんがたずねます。

「うん、岩の上で生活を始めるときは1匹だけど、その後、1匹が2匹に分裂し、それを繰り返して、だんだん数が増えていくよ。これは卵と精子から新しい命が誕生するのとは違う方法だね。無性生しょくというんだ(図4-5)」

25

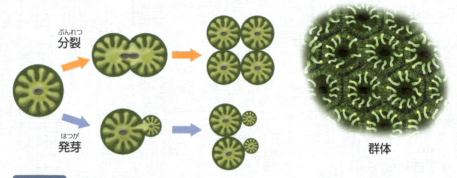

図4-5

無性生殖(せいしょく)。受精した卵はしばらく海中を漂(ただよ)っていますが、やがて岩の上に降りて新しい生活を始めます。岩の上に降りた1匹(ぴき)のサンゴの赤ちゃんは分裂(ぶんれつ)したり、芽を出すようにして数を増やし、群体になります。

動けない動物の食事

　サンゴの他(ほか)にも動かない動物がいます。フジツボやカキのなかまです(図4-1)。岩にしっかりくっついて動くことが出来ない動物たちはどのように食事をするのでしょう。

「ここにカキのなかまがいる」とおとうさんが指さしました。みんな岩と間違(まちが)えそうなカキの殻(から)をみつけました。ごはんが大好きなユキちゃんは心配です。

「岩にくっついて動くことが出来ないと食べ物はどうなるの？」

「カキは二枚貝だ。殻を二枚もっていて、そのうちの一枚が岩にしっかりとついている。今は潮が引いているから殻を閉じているけど、潮が満ちてくると殻が開く」

「そこから手が出てくるの？」

「手は出てこない。体の中の道具を使って水の流れを起こすんだよ。その流れでプランクトンが吸(す)い込(こ)まれて食べ物になる」

「アサリが長い管を伸(の)ばして水を吸(す)い込(こ)んでいるのと同じかな」と毎日スーパーマーケットで買い物をしているおかあさんが言います。

「そうそう、スーパーでもいろいろ観察できるね」

5 一寸法師の鬼退治

■ にぎやかなハナヤサイサンゴ

　別の潮だまりに到着しました。
「ここに面白いサンゴがいるよ」とおとうさん。
「ハナヤサイサンゴ（図5−1）という名前がついているサンゴで、英語でもカリフラワーサンゴと呼ばれている。このサンゴの枝の間にはカニ、エビ、巻き貝、小魚などさまざまな小さな動物がすんでいてにぎやかだよ。この中に一寸法師がいる」
　みんなびっくりしています。いよいよおとぎ話らしくなってきましたね。

図5−1　ハナヤサイサンゴ

図5−2　ハナヤサイサンゴの枝の間の隙間（すきま）で暮らしているサンゴガニ（撮影：植田正恵）

■一寸法師の役目

「ハナヤサイサンゴの枝の間のすきまにはサンゴガニというカニ（図5－2、5－3）がすんでいて、おもしろい暮らしをしているよ」

すかさずユキちゃんが「そんなところにすんでいてごはんがたべられるの？ごはんを食べるときはサンゴの外に出ていくの？」と聞き返します。

「大丈夫。サンゴガニはサンゴが体の外に出すネバネバしたもの（粘液といいます）を食べながら暮らしているんだけど、サンゴはいつも粘液を出しているので不自由しないんだよ」

「このサンゴガニが一寸法師なの？これからお椀の舟に乗ってどこかに行くの？」

「違う、違う。一寸法師は京の都でどんなことをしたか覚えているかい？」

シン君は一寸法師のお話をしっかりと覚えていたようです。

「おひめ様をおにから守るんだ」

「正解！」

図5－3　サンゴガニのなかまたち

🟦 オニヒトデは大敵

詳しいお話をする前に別の生き物のお話をします。
皆さんはオニヒトデ（図5－4）というサンゴを食べるヒトデを知っていますか。オニヒトデが大発生するとサンゴが全部食べられてしまい、サンゴしょうは墓場のようになってしまいます。サンゴにとっては大敵です。
オニヒトデは大きいものでは直径が50センチメートルの大きさにもなる、いかにも強そうなヒトデです。「オニ」という名がついていますから、このオニヒトデが一寸法師の相手だろうと考えた人も多いのではありませんか。

🟦 オニヒトデを撃退

1970年のことです。南太平洋のフィジーで調査をしていたアメリカとカナダの研究者が、ショウガサンゴを食べに来たオニヒトデが小さなカニにトゲを切られて退散するという面白い現象を観察しました。その後、パナマの太平洋岸でも、サンゴガニやサンゴテッポウエビがオニヒトデのトゲをつかんだり、切ったりしてオニヒトデを撃退する事実が観察されました。

図5－4　オニヒトデ（撮影：藤原秀一）

アーマン博士の解説★
サンゴやカニのなまえ

　ハナヤサイサンゴにはなかまがいます。ショウガサンゴ、トゲサンゴ、イボハダハナヤサイサンゴなどです。まぎらわしいことに「ハナヤサイサンゴ」という種もいるのです。
　サンゴガニのなかまも同じです。カバイロサンゴガニ、アミメサンゴガニ、クロサンゴガニなどですが、このなかまにも「サンゴガニ」という種がいます。

■ サンゴガニとの助け合い

　おとうさんは説明を続けます。
「どうだい、サンゴガニたちは一寸法師みたいだろう。サンゴの枝の間にすんでいる小さなカニたちは、家であり食物を提供してくれるサンゴを、自分の1000倍もあるでかいオニヒトデの攻撃から守っていることになるね」
「じゃ、お姫さまはサンゴだね」とユキちゃん。
「サンゴとサンゴガニは助け合っているんだ」とユウ君が結論を言ってくれました。

■ タイと沖縄の違い

「おとうさんが大学で勉強していたころ、先生がタイの研究の話をしてくれたことがあるよ。タイのシャム湾というところでは、ハナヤサイサンゴがたくさん暮らしているらしい。一つのハナヤサイサンゴに、サンゴガニはオスとメスが1匹ずつ暮らしているんだって。しかも先生が調べたとき、オニヒトデは1匹もいなかったようだよ」
「何が面白いの？」とユウ君が質問します。
「そうそう、まだ言ってなかったね。沖縄の一つのハナヤサイサンゴの枝の間には、サンゴガニが何種類も暮らしていることがわかっている。数も多い」

まだ、けげんな顔をしているユウ君ですが、おとうさんは続けます。
「シンが、サンゴしょうにたくさん生き物がいてケンカしないの、って聞いたことを覚えているかい。せまいサンゴの枝の間で何匹ものサンゴガニたちが一緒に暮らすのは難しそうだね」
「そうか、沖縄のサンゴガニたちは仲がいいけど、タイのサンゴガニたちは仲が悪いんだ」とユウ君はひらめいたようです。
「どうしてだろう？」

ケンカをする余裕がない

　こどもたちにこの答えを出すのは無理のようです。おとうさんが謎解きを始めました。
「先生はこんな風に説明してくれたよ。オニヒトデがいっぱい暮らしているサンゴしょうでは、サンゴたちは毎日のようにオニヒトデにおそわれるだろうね。その時、サンゴカニたちは共同でサンゴを守ろうとするんじゃないかな。つまりケンカをしている余裕はない。そこで数種類、あるいは10個体くらいのサンゴガニたちが一つのサンゴにすむことが出来ると考えられている」

「サンゴガニたちの共同作戦だね」
「そうだね。反対にオニヒトデがいなければ、サンゴガニたちはお互(たが)いがもっと広い生活の場所や食べ物を求めて競争相手になるだろう。おたがいが敵になるのでケンカが起こり、一番強い種、強いカニが生き残るんじゃないかな（図5-5）」

図5-5
サンゴの敵であるオニヒトデがいる場合、サンゴガニたちは共同でオニヒトデを撃退(げきたい)します。そのため複数種の共存が可能になっていると考えられます。ところがオニヒトデがいない場合は互(たが)いにケンカをして強い種が生き残ります。

● オニヒトデがいる場合

● オニヒトデがいない場合

アーマン博士の解説★
白化現象で大きな打撃

残念なことに、近年、ひんぱんに起こる白化現象でハナヤサイサンゴは大きな打撃(だげき)を受け、沖縄島(おきなわじま)南部のサンゴしょうのハナヤサイサンゴは壊滅(かいめつ)状態になってしまいました。研究がつづけられないのです。真っ白になったハナヤサイサンゴからはサンゴガニ類もいなくなります。でも2015年の夏には、いろいろなサンゴしょうでハナヤサイサンゴが回復してきていることが確認(かくにん)されています。可愛(かわい)いサンゴガニたちは戻(もど)ってきているでしょうか？

6 サンゴにこぶがある

■ シコロサンゴにすむ生き物

　ハナヤサイサンゴの隣に別のサンゴがいます。小さい板が込みあうように集まってできたサンゴです。

　「これはシコロサンゴのなかまだ（図6-1）。この板のすきまにも小さな動物がたくさんすんでいる」

　ユウ君は目ざとく何かを見つけたようです。生き物を観察する力がついてきたのでしょう。

図6-1
シコロサンゴのなかま。
下の写真は暑い夏に白化した群体

観察する力がついてきたユウ君

「おとうさん、ここ何か形が変だよ」
「何が変なんだい？」とおとうさんが聞き返します。
「ここだけ板のかたちが周りとちがっているんだ」
「面白(おもしろ)いものを見つけたね。それは小さな部屋になっていて、中にはカニがいるよ」
「えっ、カニ？サンゴガニ？」
「ハナヤサイサンゴの枝に間にすんでいたサンゴガニは動き回っていたね。でもシコロサンゴのなかまにすんでいるこのカニは、部屋の中だけで暮らしていて、あまり動かない。サンゴヤドリガニという名前だ。この部屋にはメスのカニがいるよ。オスはとても小さくて部屋の外にいるらしいけど見たことがないなあ」
「でもオスとメスはいっしょにいないと困るんじゃない？」とユキちゃんがけげんな顔をしています。
「よく見てごらん。部屋には小さな窓があるだろう。この窓は最初は大きく開いているけど、だんだんせまくなるらしい。小さなオスは中に入ってメスと交尾(こうび)をするのかもしれない」
「部屋の中に入っていれば、サンゴヤドリガニは安全だね」
「サンゴが出すネバネバした粘液(ねんえき)を食べて暮らしている。快適な部屋だろうね」

🟦 サンゴにもコブがある

　お庭の木の葉にコブが出来ているのを見たことがありませんか。虫コブといって中には寄生虫がいます。寄生虫が取りつくと、葉が通常とは異なる成長をしてコブ状なってしまうのです。サンゴにも同じような現象が見られます。「カニこぶ」と呼ぶこともあります。シコロサンゴの一部がコブのようにふくらんでいるのがわかるでしょう（図6−2）。ハナヤサイサンゴでも良くみられます。

アーマン博士の解説★
サンゴヤドリガニの寄生虫

　　サンゴしょうで暮らしている生き物たちは不思議な関係でつながっています。サンゴヤドリガニが寄生虫を持っていることもありますよ（図6-2）。その寄生虫はサンゴヤドリガニのエラに取りついていて、卵から栄養を吸収しているようです。寄生虫に取りつかれたサンゴヤドリガニは次の世代を作ることが出来ません。すべてのサンゴヤドリガニに寄生虫が取りつくと大変なことになってしまいます。

　でも安心してください、寄生虫がいるサンゴヤドリガニにはそれほど多くないようです。寄生虫にとってもサンゴヤドリガニがいなくなっては困るわけですから、あまり数が増えないような仕組みがあるのでしょうね。自然界には不思議なことがいっぱいあります。

図6-2

シコロサンゴのなかまにはサンゴヤドリガニ（左下）がすんでいることがあります。サンゴヤドリガニが取りつくとサンゴがそれを取り囲むように成長し、小さな窓がある部屋を作ります（右上）。この部屋にすんでいるのはメスであり、オスは外で暮らしていると言われています。サンゴヤドリガニのエラには寄生虫がすんでいることがあります（右下）。

白化で体の成分が変化

　多くのサンゴが白化したとき、浅い場所で暮らしているシコロサンゴのなかまも白くなってしまいました。白化したシコロサンゴの体の成分は、健康なものとはかなり違っていることを、マレーシアから来ていた留学生が見つけました。サンゴから出てくるネバネバしたものも、性質が変わっていたかもしれません。コブのなかにすんでいるサンゴヤドリガニも、食べ物の性質が変わってしまい大変困っていたでしょうね。

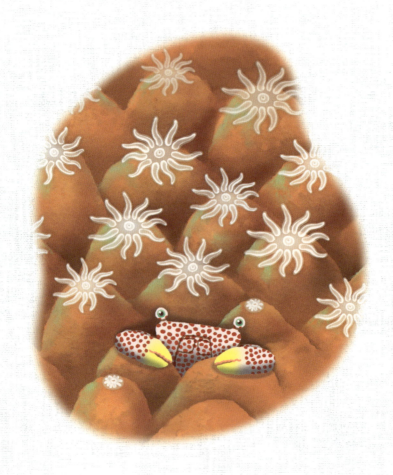

7 暑い夏には打ち水

■ 暑さから逃れる工夫

　お昼になったので浜辺に戻ってきて大きな岩の陰でお弁当を食べることにしました。おかあさんが作ってくれた美味しいおにぎりです。おとうさんはおにぎりを食べながら岩の上をじっと見つめています。ちょっとおぎょうぎが悪いですね。
「今日は暑いなあ。沖縄の夏を暑いと感じているのは人間だけじゃないみたいだよ」
「何か見つけたの？」とおかあさんが聞きました。
　おとうさんが戻ってきて説明してくれます。
「サンゴしょうの海岸で暑さからのがれるための工夫をしている動物がいるよ」
「そんなことが出来るの？」と子供たちが不思議そうな顔をしています。
「みんなのおじいさんやおばあさんが子供のころは、夏の暑い日には打ち水といって、家の前に水をまいてすずしくしていたんだよ」
「テレビで見たことある」とユウ君。
　そうです。時代劇の番組などで時々見かけることがありますね。でもユウ君たちのおじいさんとおばあさんは江戸時代の人ではないと思いますよ。

暑さを防ぐ工夫あれこれ

なかまの上に乗る貝

　食事が終わって、さっそく観察の再開です。まずは食事を楽しんだ場所の近くを見渡しています。
「ほら、これをみてごらん」とおとうさんが指をさした先には小さな巻き貝がたくさんいました。
「真夏の太陽がジリジリと照りつけているときは、海岸の岸に近いところにすんでいる巻き貝が奇妙な格好をしているようすを観察できるよ。これはなかまの上に乗っかっているように見えないかい？」
「どうして友だちの上に乗っかってしまうの」
　おとうさんと子供たちの会話が続きます。
「コンペイトウガイ（図7－1）は岩の割れ目などに潜んでいるのが普通だけど、とても暑い日にはそこから出てきて、立ち上がったり、なかまの上にはい上がったりするよ。イボタマキビガイ（図7－2）はもっと面白い。何段にも積み重なっているだろう。何のためにこのような行動をするのかな」

帽子はかさねてもだめかな？

図7－1　コンペイトウガイ。暑い夏の日、こんな光景を見かけます。

暑さに耐えられず上へ

「下になっている貝は重いって感じているんじゃない？迷惑だよね」

「これは暑さから逃げようとしていると思うよ。サンゴしょうの岩の表面は真夏にはとても暑くなり、時には45℃以上になる。そんな時、暑さを我慢できなくなった貝が、岩の表面から遠ざかろうと岩から離れようとしたり、あるいは岩ではないもの（つまりなかまの貝）の上に登ったりすると考えられているよ」

「友だちの上に乗るだけで涼しくなるの？」

「うん。岩の表面から1センチメートル離れるだけで温度は5℃以上も下がることがある」

「一番下の貝は重さだけじゃなくって、暑さもがまんしなければいけないんだ。たいへん」とユキちゃんが心配しています。

　そうですね。先ず暑さに耐えられなくなった貝がはい出して、なかまの上に登るのではないでしょうか。その次に下になっている貝が我慢出来なくなって別の貝の上に登ります。このようにして5、6階建ての貝のビルが出来るのでしょう。そのように考えると、一番下になっている貝が最も暑さに強い貝であると言えるので、あまり心配しなくてもよいかもしれません。でも重いでしょうね。私たちが3、4人かつぐのは不可能ですね。

図7-2

何段にも重なり合っているイボタマキビガイ。競（きそ）い合って友達（だち）の上に登ろうとしているようですね。

貝殻を浮かせて風通し

「別の工夫をしている貝もいるよ」とおとうさん。

「ここにいるのはぴったりとへばりついて暮らしているコウダカカラマツガイだ。海岸の高い所にすんでいるから、特に夏には乾燥し、体が高温になりそうだね。岩の温度が高くなると貝殻を少し浮かせて風通しを良くするよ（図7－3）」

「これらの貝は、満ち潮が近づいてきて、海水のしぶきがかかるようになると食事をするために動き出す。でも食事が終わるとまた同じ場所に戻って来る。この白いところは貝の家だよ（図7－4）」

「へえ、家を持っているんだ」

「どうして家の場所がわかるの？」

「どうして同じ場所に戻らなければならないの？」と子供たちが次々に質問します。

図7－3 コウダカカラマツガイは岩の温度が高くなったとき、貝殻（かいがら）を浮（う）かせて風をとおしているようです。

少しだけ浮かせるだけですずしくなるんだ～

図7－4 コウダカカラマツガイの家(白い部分)。すぐ右側の個体(矢印)が動き出したため、家の様子がよくわかります。

■ 殻に打ち水も

「この貝はいつも同じ所にすんでいるため、貝がらのまわりが周囲の岩の形に合うように成長するんだ。だから潮が引いても、いつでも岩にぴったりと隙間がないようについていることができるから、乾燥しないと思わないかい？」

「グッドアイデアだね」とユウ君が感心しています。

「ところが今日のようにとても暑い日には、貝殻を1ミリメートルほど浮かせ、岩との間に隙間をつくる。風通しが良くなって暑さをしのぐことが出来るね」

こどもたちはますますきょうみしんしんです。

「実際に『打ち水』をする動物がいる。温帯地方にすんでいる二枚貝のなかまのムラサキイガイやフジツボのなかまが殻の中に蓄えていた海水を体外に出して殻に打ち水をしているのをみたことがあるよ」

■ 気化熱で体温を下げる

沖縄の潮間帯にも多くの二枚貝やフジツボ類がすんでいますから、じっくり観察して見ると、そのような行動を観察出来るかも知れません。これは気化熱を使って体温を下げようとしているのでしょう。

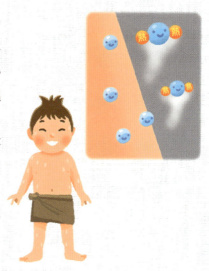

子どもの時、お風呂から出た後「早く体をふかないと風邪を引いてしまうよ」とよく言われましたね。液体は蒸発して気体になるとき、周りから熱を吸収してしまう性質があるのです。この熱を気化熱と言います。熱を奪われたところは涼しくなります。

暑さをしのぐために庭や道路に水をまく「打ち水」は、昔ながらの夏の風物詩です。しかしながら今ではクーラーがほとんどの家に取り付けられ、気温を下げる努力をする必要がなくなったので、打ち水をしている光景はほとんど見られなくなってしまいました。

■ 限界を超える変化のスピード

　暑さに耐えることにも限界はあります。限界を超えるとさまざまな異常事態が起こります。最初にお話ししたサンゴの白化はその例で、多くのサンゴが死んでしまいました。ナガウニが暑さのために大量に死んでしまったこともありました。生き物たちは環境の変化に慣れながら暮らしていますが、変化のスピードに生き物たちが慣れる能力を超えてしまうと大事件が起きます。

8 磯の生き物は水が嫌い？

■ 海水が好きな貝と嫌いな貝

　お弁当を食べている間に、おとうさんが紙コップをならべて何やらごそごそやっていましたよ。
「おーい、こっちに来てごらん」と呼ぶ声が聞こえます。
「おとうさん、何やってるの？」
「いくつかの貝を、海水を入れたコップに入れておいたんだけど、水から出てきてしまう貝と、ずっと水の中にいる貝がいるんだ（図8－1）。見てごらん」
「これって海の貝でしょう。なぜ海水が嫌いなの？」
　おとうさんは食事の間に海水を入れたコップに巻き貝を入れておいたのです。中にはすぐにごそごそと動き始める貝がいて、やがてコップの壁を登り始めます。早いものでは5分もたたないうちにコップから出てしまいます。やはり、水が嫌いな貝がいるようです。
　ゴマフニナ（図8－2）は潮だまりにすんでいることが多い（つまり水の中で暮らしている）ので水の中が好きなのでしょうか。コップからは出てきません。でも潮だまりの周りなどで集まり、潮が引いているときは表面が乾燥している個体もたくさんいます。同じ種でも海水が好きな個体と嫌いな個体がいるのでしょうか。比べてみるのも面白いかも知れません。

図8-1　海水を満たしたコップにゴマフニナ(左)、キバアマガイ(中)、コンペイトウガイ(右)をいれたところ、キバアマガイは直ちに上の方に移動し始めました。幾つかのキバアマガイがコップの外に出始めましたが、他の2種はまだコップの底にいます。すべてのキバアマガイがコップの外に出てしまった頃、コンペイトウガイも外に出始めました。

図8-2　ゴマフニナ

■ 貝が水から出る理由を考える

「どうしてこれらの貝は水の中から出てきてしまうのかなあ？」

　おとうさんは子供たちに質問しました。

　かなり難しい質問です。でも、「いろいろ考えてみようよ」とおとうさんは涼しい顔です。

「水の中に敵がいるんだ」とユキちゃん。

「でもここでは鳥に食べられてしまうんじゃないかな」とユウ君。

「水がきらいならもっと陸地のほうに行けばいいのにね」とおかあさん。

「正しい答えはまだ見つかっていないらしいけど、いろいろな意見を出すことは楽しいね」とおとうさんは言いますが、みんな「ふーん」とつまらなさそうです。

これらの貝は水中にいる敵から逃げるために岸の方に上がってきたと考える研究者は多いようです。かたくて厚い殻を身につけているのは、乾燥や高温に耐えるためようにも思われます。鳥が食べに来ても頑丈な殻が守ってくれるかも知れません。同じ種類の貝でも鳥やカニのような貝を食べる動物が多い場所にすんでいる個体は、そうでない場所と比較すると殻が厚くなっていることがあります。でも完全に水から離れて暮らすことは出来ないのです。

アーマン博士の解説★
海水面の変動と貝の繁殖（はんしょく）方法

　海水面は1年の中である程度規則的に変動します。7月から10月の大潮の満ち潮の海面は1年の中でも高く、逆に1月から4月にかけて低くなります。この動きに反応して巻き貝たちも、季節的に上下に移動します。水が嫌（きら）いな貝たちであっても、卵を産むときは出来るだけ下の方に移動して卵を産む傾向（けいこう）があるようです。卵ではなく、より耐久力（たいきゅうりょく）が高いと思われる子貝を産む種もいます。フィリピンの海岸にすんでいるコンペイトウガイのなかまは、卵ではなく子貝を産む（胎生『たいせい』）という報告があります。沖縄（おきなわ）の貝たちはどうでしょうか？
　未（いま）だ確かめられていません。海産生物は環境（かんきょう）に応じてその生き方が異なっており、繁殖（はんしょく）の方法もさまざまです。

■ 台風で移動する貝たち

「台風が通り過ぎた後、海岸を歩いたことがあるよ。何か様子が変だったんだ。貝たちが何時もと違う場所にいたのが、とても不思議だったのを覚えている。キバアマガイを見るとそれがはっきり観察できたよ」とおとうさんが話してくれました。
「キバアマガイは岩のさけ目などに集まっているのがふつうだけど、そのときはバラバラになり、しかももっと高い場所に移動していたんだ（図8-3）」
「どうして？」とユウ君。
「台風からにげたんだよ」とシン君が自信ありげに答えます。

図8-3

キバアマガイが集まって暮らしています（上）。台風の直後に海岸に出かけたところ、集まっていたところ（右、矢印）から上のほうに移動していたことを見つけました。

　台風のときは、海岸の上のほうで暮らしている他の巻き貝たち（コンペイトウガイ、イボタマキビガイ、イシダタミアマオブネガイなど）も動き出しており、通常より高い場所で観察されます。

　台風の影響で移動したと思われるのですが、一体どのような影響があったのでしょう。強い風を防ぐのであれば岩の裂け目にじっとしていた方が良いようにも思われます。

　台風が来襲すると、高く強い波が貝たちを打ちつけます。これらの貝は海が穏やかな時は、満ち潮時でさえ波をかぶらないことが多いのですが、台風の時は普段より水をかぶる時間が長いと予想されます。これらの貝たちは海水に沈んでしまうのが嫌いなのではないかと考えてみました。

9 サンゴしょうをこわす生き物がいる？

■ 場所によって種類が変化

「ねえ、もう一回潮だまりを見に行こうよ」
　お弁当を食べておなかがいっぱいになった子供たちが騒ぎ始めました。活発なシン君はとっくに近くを歩き回っていて、おかあさんが追いかけています。
「オーケー。荷物を片付けたら出発だ」とおとうさん。
　サンゴしょうの海岸は広く、平たんです。潮がよく引いているサンゴしょう海岸を岸から沖の方の波が砕けているしょう縁部まで歩いてみると、すんでいる生物の種類が変化することが観察できますよ。それぞれの生物にとってすみやすい場所とそうでない場所があるに違いありません。

■ 穴にすむウニ

　潮が満ちてくる前に、波が砕けているところまで行ってみました。こどもたちはそこで奇妙な光景を見つけました。
「岩に穴がいっぱいあるよ」
「穴に中にウニがいるね（図9－1）」
「ウニはひとつの穴に1匹で暮らしているのかな？」

■ サンゴを削り取る生き物

　サンゴしょうは、そこに暮らしているサンゴなどの生き物たちが自ら生きるための舞台を作り上げた楽園です。でもその中にはサンゴしょうをけずり取りながら暮らしている生き物たちがいることも事実です。ここではウニ類とブダイ類が岩やサンゴを削り取っているようすを紹介しましょう。

図9-1 サンゴしょうの穴で暮らしているナガウニ。

ウニのアパートだ！

■ ウニはどこで何を食べるか

「この穴にすんでいるウニはナガウニという名前だよ」とおとうさんが教えてくれます。
「ウニのなかまは草食動物といって海藻を食物として暮らしているんだよ」
「どこに海藻があるの」とユキちゃんが聞きました。
「穴の中はつるつるで何もないじゃん」とユウ君が応援します。
「穴の外には海藻が生えているから、外で食べるんじゃない」とおかあさんの意見です。

硬い5本の歯

「最初にウニが海藻を食べるようすを教えてあげよう」とおとうさんが説明を始めました。

「ウニのなかまは口の部分に『アリストテレスの提灯』と呼ばれている硬い5本の歯を持っている。その歯で海藻を食べるとき、一緒にサンゴしょうの表面も削ってしまうんだよ」

「生き物がかたい岩を削り取ってしまう現象は生物侵食と呼ばれているのよね」とおかあさんが学生のころ勉強したことを思い出してきたようです。

「そうそう。ここはナガウニのアパートのようだね。ナガウニは穴の部屋から外には出ないらしいよ」

「食べ物はいっぱいあるのかなあ？」とシン君が心配そうです。

「よく見てごらん。アパートの部屋には1匹のウニしかいないだろう。この部屋にほかのウニが入ってくると追い出してしまう（図9－2）。自分だけの部屋と思っているんだろうね。中にある、とても小さな海藻を食べているかもしれない」

図9－2

ナガウニのケンカ。1匹(ぴき)のナガウニが住んでいる穴に別のナガウニを置いてみました(左)。両者とも棘(とげ)を動かし、力比べを始めました。もともといたウニが後から入ってきたウニを追い出して勝負がつきました(下)。

アーマン博士の解説★
サンゴしょうを削(けず)る速度

　ナガウニは食事をしながら毎日サンゴしょうをけずっているらしいのですが、一体どのくらいのスピードでけずっているのでしょう。世界各地のサンゴしょうでその速度が調べられました。もちろんウニの大きさやかんきょう条件によってその速度は変化すると思われますが、報告されている値は、1個体が1日に0.1 - 1.4グラムのサンゴしょうをけずる、というものです。この速度でけずられる場合、現在私たちがサンゴしょうで観察するような穴が作られるためには20 - 30年の年月が必要であると計算されています。

　ひとつの穴に1匹(ぴき)のウニだけが暮らしているとすると、そのウニだけでひとつの穴を掘(ほ)るのは大変そうです。ウニの寿命(じゅみょう)を数年と考える(確かなことはわかっていません)と、穴は何世代もかけて作られたことになりますね。

　ケニアのサンゴしょうには25年間以上、漁業やつりが禁止されている海洋保護区があります。ケニアの研究者たちは、このサンゴしょうで、ナガウニ、ガンガゼ、ガンガゼモドキ、アオスジガンガゼという4種のウニが、一定面積あたりのサンゴしょうをけずっている量や海藻(かいそう)を食べる量を、漁業を営むことが許可されている区域と比かくしながら調べました。海洋保護区では保護されていない海域と比較(ひかく)してウニ類による侵食(しんしょく)量が明らかに少ないようです。これは海域を保護することによってウニ類を食べる魚類の数が増え、ウニ類の数が減少した結果であろうと考えられます。

■ まるごとかじるブダイ類

　ブダイのなかまもサンゴしょうでは重要な生き物です。このなかまは基本的には草食ですが、サンゴしょうではブダイ類がするどい歯でサンゴをかじることで有名です。サンゴの骨をいっしょに食べてしまうので糞(ふん)を排泄(はいせつ)するとき粉々になった骨がばらまかれることになります。

オーストラリアにはこの粒子で作られた真っ白な島があるそうです。ハマサンゴ類の上にくっきりとつけられたブダイの食べあと（図9－3）を見つけたことがある人も多いでしょう。

図9－3
ブダイがかじった跡（あと）が残るハマサンゴのなかま。

アーマン博士の解説★
バランスを保つ

　　　ブダイ類による侵食（しんしょく）量も各地から報告されています。ブダイの数が多いサンゴしょうでは1平方メートルあたり0.15－7キログラムのサンゴが1年間にけずられているようです。もちろんナガウニの場合と同様にさまざまな条件によって影響（えいきょう）を受けますが、かなりの量が削（けず）られているということは理解できます。

　これらの生き物たちが毎日サンゴしょうをけずり取っていても、いぜんとして美しいサンゴしょうは私たちに多くのめぐみをあたえてくれています。ウニ類やブダイ類のような草食動物が活動することによって海藻（かいそう）の量が制限され、海藻が食べられた後、露出（ろしゅつ）した岩肌（いわはだ）にサンゴの生育場所が出来上がるとも考えられます。サンゴしょうが作り上げられ、健康的にいじされている仕組みはとてもふくざつです。多くの生き物たちがバランスを保ちながら暮らしていることが大切なのでしょう。

10 イモガイの食事と穴の使いみち

イモガイ類の食べ物

　イモガイという巻き貝のグループがあります（図10－1）。サンゴしょうでは特に多いなかまです。岸からしょうえん部（礁縁部）に向かって歩いていくと面白いことに気づきます。岸に近い所にいたイモガイのなかまは、しょうえん部では見ることが出来ないのです。一つの小さな潮だまりに数種のイモガイのなかまがいることもあります。ワシントン大学のコーン先生はこのなかまの暮らしについて面白い研究を行いました。

図10－1　イモガイのなかまたち

「イモガイのなかまは肉食だよ」
「何を食べるの？」
「コーン先生はハワイのサンゴしょうで、それぞれのイモガイの種が何を食べているかを調べたよ。朝早くサンゴしょうに出かけ、イモガイを見つけたらそーっと引っ張ってみるんだ。そうすると食事中の食べ物が見つかることがある」
「何を食べていたの」
「いろいろだ。ゴカイのなかまが一番多かったかな。中には魚を食べているものもいた」
「貝が魚を食べられるわけじゃない」とユウ君が自身ありげに言います。
「そうだ、ふつうは貝が魚を食べるということはありえないだろうね。でもイモガイのなかまは特別な道具をもっていて、それで魚をつかまえるんだ」
「特別な道具？」

■ 毒を打ち込む

　イモガイに限らず巻き貝類はすばやく動くことは出来ません。魚のようにすばやく動き回る動物をつかまえることは出来ないように思われます。そこで特別な道具が役立つのです。一般的に巻き貝はたくさんの細かい歯を持っていて、それで海藻などをかじって食べています。イモガイのなかまは、細かい歯ではなく、やじりのように変形した特別な歯を持っていて、食べ物になる動物に毒を注射して麻痺させるのです。魚の中には、夜、海底で動かないようにしているものもいます。それを狙って毒を打ちこむことがあるかもしれませんね。

　毒の強さはイモガイの種によって異なります。アンボイナガイというイモガイはとても強い毒を持っていて、人がさされて死んでしまったという記録があります。イモガイには注意しましょう。

「こわい貝だね。ぜったいさわっちゃダメだよ～」

■ 種によってちがう食べ物

「すごい」と子供たちはびっくりしています。
「ほかのイモガイを食べる種もいるようだよ」
「えさが決まっているんだ」
「そうだ。サンゴしょうにはたくさんのイモガイのなかまがいる。みんなが同じ食べ物を食べようとするとけんかが起こる。そこで種によってちがう食べ物を食べるようになれば、ケンカが起こらず、なかよく暮らすことが出来るだろう、というのがコーン先生の考えだ」
「だから暮らす場所も別々なんだね」とユウ君はなかなか頭の回転が速いようです。

■ 夜に外へ出て食事

　サンゴしょうの海岸は平たんであまり生き物がいないように感じる時もあります。でも岩かげや、小さな穴の中には小さな生き物がいっぱいひそんでいますよ。イモガイのなかまの食べ物であるゴカイのなかまも、岩の割れ目や穴の中にひそんでいます。夜になると外に出てきて食事をするようです。イモガイたちもそれをねらって食事をするのかもしれません。

誰が穴をほるか

　最初にお話ししたイモガイが食べていたゴカイは、岩の穴にすんでいたものです。でもゴカイのなかまが岩に穴をほることができるのでしょうか。平たんなサンゴしょうの岩をよく見ると、小さな穴が開いていることがあります。これは二枚貝やホシムシのなかまがほった穴です。ナガウニのところで説明した生物侵食です。これらの生き物が死んで穴だけが残ることがあります。すると、そこへほかの生き物が入って暮らし始めます。イソギンチャク、ゴカイのなかま、小さなカニを見つけることがあるでしょう（図10－2）。

図10－2

しょう原にあいている小さな穴には多くの動物がすんでいます。イソギンチャク（上）は海水が満ちてくると触手（しょくしゅ）を出してえさをとろうとします。潮が引いているときに小さなカニが穴の周りで活動しています（下）。夜、潮が引いている時に歩くとゴカイの仲間が顔を出していることがありますよ。

11 魚の畑仕事

なわばりを主張

　ユキちゃんが大きな丸いサンゴを指さして何か言っています。これはハマサンゴのなかまです。
「黒い魚が別の魚を追いかけているよ」
「面白いものを見つけたね。もぐって観察していた時、あの魚がおとうさんをにらんでいるように感じたことがあるよ。向かってくることもあったな」
「どうして？」
「ここはオレの家だから入ってくるな、って言っているんじゃないかな」
　そうです。魚の中には「なわばり」をもっているものがいます。私たち人間がその魚の「なわばり」の中に入ってしまったのでおこっているのです。家の中に他人が勝手に入ってくれば、ふゆかいになるのは当然ですね。

■ 海藻の畑を守る

「ユキが見つけた黒い魚はスズメダイのなかまだよ。直径1〜2メートルの広さのはんいをなわばりにして暮らしていて、他の魚が侵入しようとするとおい払ってしまう」

　じっと観察していたおかあさんが言いました。
「なわばりの中には海藻が多くない？」
「ピンポーン。このスズメダイたちは草食性で、なわばりの中にしげっている海藻を食べながら暮らしているんだ。つまり自分の食物である海藻の畑を守っていることになるね」（図11−1）

図11−1
スズメダイ（矢印）のなわばりの中には海藻がしげっています。ところどころにサンゴがみられます（下）。サンゴは海藻とは岩の表面の取り合いをする競争相手ですが、このサンゴはうまく生き残ったようです。
（撮影：矢野美沙）

なわばりをめぐる争い

　ユウ君たちのおじいさんがタイのシャム湾のサンゴしょうでスズメダイの一種のなわばりを観察していたときのお話です。

　近くにトゲが長いウニの一種のガンガゼがたくさんいたので、1匹つまんでなわばりの中に入れてみました。スズメダイはたちまちガンガゼに泳ぎ寄ってきて、ガンガゼの「とげ」をポキポキ折り始めました（図11-2）。痛いのでしょうか、ガンガゼはにげていってしまいました。このサンゴしょうはガンガゼがとても多いことで知られているのですが、スズメダイのなわばりの中には1匹もいません。なわばりの中に入ろうとしても、スズメダイのこうげきで、おいはらわれてしまっているに違いありません。

図11-2　シャム湾のおくにあるサンゴしょうには、多くのガンガゼ（ウニの一種）がすんでいます（左上）。近くにはスズメダイがなわばりを作っています（右上）。そこへガンガゼを1匹入れてみたところ、スズメダイはたちまちガンガゼのトゲをポキポキと折りはじめました（左下、右下）。トゲを折られたガンガゼはなわばりの外へにげていきました。

ガンガゼも草食性で海藻が大好物ですから、スズメダイのなわばりの中の美味しそうな海藻をねらっていると思われます。試しにあみでスズメダイをつかまえて取り除いて見ました。すると周辺にいたガンガゼが何匹か、なわばりの中に入りこみ、素早く歩いてスズメダイが栽培した海藻を食べはじめました。その後にはガンガゼのふんのかたまりがたくさん見つかります。よほど美味しい食事にありついたのでしょう。

「なぜこれらのスズメダイたちはなわばりをつくると思う？なわばりの大きさ、つまり畑の広さはどのように決まると思う？」とおとうさんが質問します。
「なわばりは広い方が多くの海藻を栽培できるよね」
「でもあまり広いと見張りが出来ないんじゃない？」
「広いはんいを見張るのは大変だね」
「ある魚を追いはらっているうちに、別の魚が入ってきて海藻を食べちゃうかもしれないね」
「じゃあ、見張りが出来る広さのなかで、広いほうがいいということかな？」
「魚はいろいろな作戦を考えているということかな」
　この家族はここでもたくさんの研究テーマを見つけました。これらの疑問はどのよう確かめられるのでしょうか？おとうさんは勉強して子供たちに答えを教えてあげようと考えています。

アーマン博士の解説★
なわばりと繁殖(はんしょく)

　　　　なわばりは海藻(かいそう)の畑を作るためだけにあるのではありません。この中で繁殖(はんしょく)活動も行われます。でも不思議なことがあります。繁殖活動をするためには、メスとオスが出会わなければなりません。なわばりの中には1匹(ぴき)のスズメダイがすんでいるのですが、このスズメダイはなわばりに入ってくるものは、同種であっても他種であっても追いはらおうとします。どうするのでしょう。

　安心してください。繁殖活動は特別のようです。繁殖期には、メスがオスのなわばりを訪(おとず)れて岩かげに産卵(さんらん)し、急いで自分のなわばりにもどることが知られています。産み付けられた卵にオスが精子をかけて受精がかんりょうします。その後、卵はオスによって敵から守られるのです。

　ミスジリュウキュウスズメダイはクマノミ類と並んで、サンゴしょうで最もふつうに見かけるスズメダイのなかまです。私たちが近づいていくと、素早(すばや)くサンゴの枝の間にかくれてしまいますね。小さなサンゴのまわりには、メスとオスが1個体ずつすんでいますが、大きなサンゴのまわりには複数の個体がすんでいます。1個体がオスで他(ほか)の個体はメスです。もっと大きなサンゴになるとオスの数も増えるようです。その場合はそれぞれのオスが小さななわばりを作ります。

12 ゴカイの恩返し

ハマサンゴ類に咲く「花」

「バスケットボールのサンゴに花がさいている」とユキちゃんが叫びます。
「クリスマスツリーワームだ」
　学校で英語を勉強しているユウ君がいいました。
「学校の先生が教えてくれたの？」
「うん、写真を見せてくれたよ」

　サンゴしょうを泳いでいるとハマサンゴ類の上に、赤、黄、白、あるいはまだら模様の可愛い「花」が咲いていることがあります。潮だまりでも見かける

図 12 − 1　ハマサンゴのなかまにすみついているイバラカンザシゴカイ。
（下：撮影　藤田陽子）

ことがありますね。これはイバラカンザシゴカイ（図12－1、以下ゴカイと呼びます）の細いエラが束になり、かんむりのようになったもので、鰓冠と呼ばれています。このエラは呼吸活動の他、細かい繊毛で水流を起こし、食物になるプランクトンをとらえるという重要な働きをしています。ハマサンゴのなかまのようなかたまり状のサンゴに住みかをつくってすんでいます。

なぞの多いサンゴの「花」

「なぜサンゴの中にうまっているの？」
「どうして赤いものや黄色いものがあるの？」
「サンゴのじゃまにならないの？」
「どうしてハマサンゴにたくさんいるの？」

　子供たちが次々にくり出す質問に、おとうさんもおかあさんも答えることが出来ません。実は、これらの質問に十分に答えるだけの研究は進んでいないようなのです。

アーマン博士の解説★
幼生を引きつける仕組み

　　　親は、卵と精子を海中に放出します。発生が進むと幼生となり、10－12日間、海中でプランクトン生活をした後、サンゴの上にもどってきます。幼生をサンゴに引きつける仕組みがあると考えられています。幼生が特定の波長の光に反応するという実験結果がありますが、サンゴの上で生活を始めることと関係があるかも知れません。カリブ海のバルバドスでは、イバラカンザシゴカイが多くすんでいるサンゴとそうでないサンゴの種のちがいが、はっきりしているようです。水そうの中にゴカイがたくさんすんでいたサンゴと、まったくゴカイがすんでいないサンゴを置き、そこにゴカイの幼生をいれてサンゴを選ばせたところ、親のゴカイがたくさんすんでいるサンゴを選ぶという結果が出ました。

■ サンゴがつくるゴカイの家

「このゴカイはサンゴの骨の中にうもれて暮らしているけど、自分で穴をほって家を作ることはできないんだ。ゴカイの赤ちゃんは海の中を泳いでいるけど、サンゴの上に下りてきて新しい生活を始めると、サンゴはそれを取り囲むように成長していく。ゴカイも自分の体の周りにかたいからを作っていくので、何時(いつ)の間(ま)にかサンゴの骨の中に細長い家が出来てしまうことになる」とおとうさんが説明します。
「魚がゴカイを食べようとおそって来てもいっしゅんのうちに体を家の中にかくしてしまうことが出来るので便利だね」

■ ゴカイの恩返し

ゴカイは家を作らせてもらっている（作ってもらっている？）代わりに、何かサンゴにお礼をしているでしょうか？サンゴを食べるオニヒトデはゴカイが多くすんでいる群体を明らかに嫌(きら)うようだということが、オーストラリアのグレートバリアリーフで観察されました。オニヒトデはハマサンゴ類をあまり好まないという事実は、このゴカイの存在が関係している可能性があります。ゴカイの恩返しですね。

アーマン博士の解説★
鰓冠（さいかん）の色と構造

鰓冠（さいかん）の色さいは地域によって異なるようです。沖縄県内でも黄色の鰓冠を持った個体が多い場所、白い鰓冠を多く見かける場所があり、何か理由がありそうですが解明されていません。

体のつくりを考えて見ましょう。鰓冠は螺旋（らせん）階段のような構造をしており、そこに生えているせん毛の動きで起こされる水流が、効果的にプランクトンをとらえているという考察をしている研究があります。螺旋に従って確実にプランクトンを含む水が口の近くまで運ばれるからです。プランクトンが少ないサンゴしょうならではの工夫ではないかという気がしませんか。

図12-2 イバラカンザシゴカイが死亡すると、管がサンゴの中に残されます。そこは小さい動物にとっては素晴(すば)らしいかくれ場になり、ヤドカリ(上)や小魚(下)がすみついていることがあります。(撮影 藤田陽子)

■ 他の生き物が使う空き家

「ゴカイが死ぬと家だけが残って空き家になるよね。いつの間にかこの空き家に小さな魚やヤドカリのなかまが、ちゃっかりとすみついていることがあるよ（図12－2）」

　死んだ後も他の生き物の役に立つような仕組みが出来ていることも「恩返し」の一つと考えることが出来ます。多くの生き物がなかよくいっしょにすんでいるサンゴしょうの面白さです。同じような話をイモガイのところでしましたね。

13 美しいサンゴしょうの水の秘密

図 13 − 1　太陽の光を受け、かがやいている海水と白いすな浜（はま）が美しいサンゴしょう。

■ なぜとうめい度が高いか

　エメラルドブルーにかがやくサンゴしょうの水は、すき通るように美しいですね（図 13 − 1）。このとうめい感がサンゴしょうのみりょくを引き立たせていることはまちがいありません。何故サンゴしょうの海はこんなにも美しいのでしょう？とうめい度が高いということは、水中にプランクトンや小さなゴミが極めて少ないことを示しています。真っ白な砂の存在もその美しさを引き立たせています。

■ プランクトンが少ない？

　最近ユウ君は学校で、池や海の水の中で暮らしているプランクトンの勉強をしました。池の水をけんびきょうで観察して、ピコピコ動いているミジンコの姿に感動していました。
「おとうさん、サンゴしょうにはどんなプランクトンがいるの？」

「いろいろなプランクトンがいるよ。でもこんなに水がきれいだということはプランクトンが少ないということかな」
「プランクトンが少ないとお魚が困るんじゃない？」とユキちゃんが心配しています。
「サンゴしょうの写真には魚がいっぱい写っているよ」

■ 魚たちの食物はどこから

　確かにサンゴしょうをしょうかいするポスターには必ずカラフルな魚たちがたくさん泳いでいるようすが写っていますね。これらの魚たちが暮らすためにはそれを支える食物が十分に存在していなければなりません。プランクトンが少ないということは動物たちの食物が少ない事にならないでしょうか。そうであれば多くの魚たちの食物はどのように供給されているのか知りたくなります。

どこからくるのかな？

アーマン博士の解説★
食べ物をめぐるなぞ

　この疑問に関しては古くから議論されており、「サンゴしょうに供給されてくる食物が、直(ただ)ちに動物たちによって消費されてしまい、かつサンゴしょうには食べのこしがほとんどない状きょうなので、海水は常に美しくいじされている」と説明されてきました。しかしながら科学的な裏付けはほとんどなされていません。動物たちがどれくらいの食べ物を必要としているか、という疑問に答える方法はあるでしょうか？サンゴしょうで暮らしている生き物たちはそ食にたえるか、それとも大食いか？等という疑問を解くことは興味深いものです。

■ サンゴしょうがきれいな理由

「どんな動物でも食事をしなければならないね。食事をすればうんちもする。これはあたりまえ」
「それで……」
　おとうさんは何を言いたいのでしょう。
「うんちはくさい」とシン君。
「そう、食べ物とうんちは性質が違う」
「動物は食べたものから自分の体になるものを吸収するからだね」とおかあさんがうなずいています。
「動物が食べた分だけサンゴしょうから何かが少なくなることにならないかな」
「栄養分が少なくなるね」
「そのとおりだ。動物が食事をすることによってサンゴしょうがきれいになっているともいえるね」
「だからサンゴしょうの水はきれいなんだ」

図13-2

ふんを出しているクロナマコ。砂つぶについている餌を食べ、吸収した分だけサンゴしょうの海底をきれいにしています。

図 13 − 3

水中のプランクトンやけんだく物をこしとって食べるヘリトリアオリガイ

アーマン博士の解説★

有機物を取り除くナマコ類や貝

　海底の砂を摂取(せっしゅ)し、砂粒(すなつぶ)の表面に付着している有機物を食物にしているクロナマコ(図 13 − 2)について調べてみました。食物となる海底のたい積物 1 グラム当たり 10.60 ミリグラムの炭素と 1.51 ミリグラムのちっ素がふくまれていました。ところが、1 グラムのふんにふくまれている炭素は 2.51 ミリグラム、ちっ素は 0.58 ミリグラムであり、かなり有機物がふくまれているわりあいが減少していました。ナマコ類はサンゴしょうに多数生息していますので、全体では相当量の有機物をサンゴしょうのかんきょうから減少させているはずです。

　けんだく物をこしとって食物にするオハグロガキ(図 4 − 1)やヘリトリアオリガイ(図 13 − 3)などの二枚貝も同様に海水をきれいにしています。

■ 海水をきれいにする砂はま

「あれを見てごらん」とおとうさんが遠くのきれいな砂はまを指さします。
「今から潮が満ちてくるけど、海水は砂はまにしみこんでいくと思うだろう」
「もちろん」
「水の中にはプランクトンも小さなゴミもある。それらもいっしょに砂はまの中に入っていくよ」

「何か起こるの？」
「プランクトンや小さなゴミは砂つぶにひっかかってしまうと思わないかい。引き潮の時にはプランクトンや小さなゴミが少なくなった水が、サンゴしょうにもどってくるよ」
「わかった、砂はまが水をきれいにしているんだ」

アーマン博士の解説★
海水中の有機物を無機化

　満ち潮の時、砂はまにしみこんでいく海水と、引き潮の時、しみ出してくる水を採取し、水質を比べました。有機物量は明らかに満ち潮時の海水に多くふくまれており、引き潮時にしみ出てくる水にふくまれている有機物量は少なかったのです。逆にしみ出てくる水にふくまれている無機の栄養塩は、満潮時の海水にふくまれている量よりも多いものでした。砂はまの中で有機物がバクテリアによって分解され、無機化したものがしみだしてきたと考えられます。
　砂はまに穴をほった時、出てくる水はとうめいではないのがふつうです。海水中にふくまれていた様々なものがろ過され、たくわえられているのです。ここで分解を受け、無機化した物質がサンゴしょうに供給されて海草などの養分になっていると考えると、サンゴしょうはいろいろな意味で、バランスがとれた生態系であることがわかります。

■ きょだいなろ過装置

　サンゴしょうの水がとう明に保たれているのは、動物たちによる食事と砂はまによるろ過の活動の結果であると思われます。つまり、サンゴしょう全体がきょだいなろ過装置であり、常に海水をきれいにしていることになりますね。この役割が維持されるためには多くの生物たちが健全な暮らしをしていることが必要です。

14 ともに白髪が生えるまで

■ ペアで泳ぐチョウチョウウオ

「サンゴしょうにはいつもオスとメスのペアで暮らしている生き物がいるよ」
「チョウチョウウオのなかまはサンゴしょうの代表的な魚の一つだけど、オスとメスのペアで泳ぎながらサンゴをつまみながら泳いでいるね」
「潮だまりにもすんでいるの？」
「深い潮だまりには時々見られるよ。もう少し大きくなって、シュノーケリングやダイビングが出来るようになると、見ることが出来るから楽しみにしておこう」

■ ウミウサギもペアで

　チョウチョウウオのペアは何年もいっしょにいるということを何かで読んだことがあります。固まった骨を持たず、やわらかい群体を作るソフトコーラルと呼ばれるサンゴの上で暮らしているウミウサギという貝のなかまも、オスとメスのペアで見つかることが多いようです。これらのペアは何時までもいっしょに暮らしているのでしょうか？
「ハナヤサイサンゴのなかまに暮らしているサンゴガニの話を思い出してごらん」とおとうさんが話しはじめました。
「サンゴガニのなかまはオスとメスのペアですんでいることが普通なんだ（図14－1）」
「どちらかがいなくなったらどうするの？」とユキちゃんが難しい質問をします。
「どうやって新しいパートナーを見つけることが出来るんだろうね？」

図14-1 直径15cmのハナヤサイサンゴにすんでいたエビやカニのなかま。色のちがいなどから複数種のサンゴガニのなかまを確認(かくにん)することができます。またそれらはオスとメスのペアであることもわかります。左上に写っているのはハナヤサイサンゴにだけすんでいるサンゴテッポウエビで、やはりオスとメスのペアですんでいるのがふつうです。

ひんぱんにサンゴの間を移動

　サンゴガニたちに印を付けて、朝と夕方にどのカニがどの群体にいるかを調べた学生がいました。カニたちはいつも同じサンゴにいるのでなく、ひんぱんにサンゴの間を移動し、すみかを変えていることがわかりました。まだ完全には説明できないのですが、オスとメスのサイズが大きく異なる場合には移動しやすいようです。サイズがあまりにも異なっている場合にはパートナーとして認めてもらえないのでしょうか？繁殖活動に都合が悪いとも考えられますね。オスとメスのどちらが移動しやすいか、ということはわかっていません。

パートナーも変わる？

　タイのシャム湾で調査した時のことを前に書きました。直径が25センチメートル以上ある大型のハナヤサイサンゴであってもサンゴガニ1種のみがオスとメスの1個体ずつすんでいます。どちらかがいなくなった場合どうなるのでしょう。夜間にはとても活発でサンゴの枝の間を動き回り、別の群体に移動することも観察されましたので、パートナーはひんぱんに変わっているのかも知れません。サンゴガニたちのペアは何時までもいっしょに暮らしているわけではないようです。でもどのようにオスとメスのペアになるのでしょう？移動した先に同性の個体がいる時は、さらに別の群体に移動する必要がありそうです。あるいはそのカニを追い出して自分が居すわってしまうこともあるのでしょうか。

■ 性が変わる魚

「ハナヤサイサンゴのなかまには、魚もオスとメスのペアですんでいることがある。ダルマハゼのなかまだ。中京大学の桑村哲生先生のグループが、ダルマハゼの暮らしについてとても面白い研究をしていたよ」
「ダルマハゼもサンゴを移動しながらパートナーを見つけるの？」
「うん、移動することもあるらしいけど、もっと面白いことがあるんだ」
「移動した先のサンゴで必ずパートナーが見つかるとは限らないだろう」
「そのときどうなるの？」
「その時は、オスがメスに変わったり、メスがオスに変わったりしてペアになるんだそうだ」
「ウソみたい」
「オスからメス、メスからオスというように、どちらにも変わることができるなんてね。これはとてもめずらしいことだよ」

■ つつの中で暮らすエビのペア

「何年か前、国際通りのみやげもの屋さんで面白いものを見つけたことがある」とおとうさんが話しはじめました。
「これはサンゴしょうの生き物ではないけど、この話に関係がある生き物で、深い海にすんでいるカイロウドウケツという海綿のなかまだ（図14－2）」
　おかあさんが何か思い出したようです。
「聞いたことがある。中にエビがすんでいるんでしょう」
「そうそう、つつのような形をしていて、ガラス質の細かい糸のようなものでできている。中にドウケツエビというエビが、オスとメスのペアですんでいるんだ」
「エビはつつの外に出ることができるの」とユキちゃんが不思議そうに質問します。
「いや、つつは細かいあみの目のようになっていて外には出られない」
「このオスとメスは死ぬまでいっしょに暮らすんだ。家に帰ったら標本を見せてあげよう」

図14－2
カイロウドウケツ。せんい状のガラス質の骨片（こっぺん）が網（あみ）の目のように複雑に編まれて、筒（つつ）になっています。中にはドウケツエビがオスとメスのペアで暮らしていたことがわかります（右）

アーマン博士の解説★
幼生のときに海綿の中へ

カイロウドウケツ(偕老同穴)は古い中国の詩に出てくる故事で、「夫婦(ふうふ)は共に老い、死んでからは同じ穴にほうむられる」という意味です。夫婦の固いきずなを表す言葉として用いられています。沖縄(おきなわ)の深い海に住んでいるかどうかはわかりません。なぜ、沖縄のみやげもの屋さんで売られていたのでしょうか。ドウケツエビは幼生の時代にこの海綿の中に入り、一生を終えるといわれています。2個体が入って、一方がオスに、もう一方がメスになるとも言われています。不思議な生き物ですね。

15 大事件発生

■ 暑すぎると何が起こるか

「今、みんなが立っている場所は、潮が満ちてくると水でおおわれてしまうことを説明したね。ここにすんでいる生き物は、潮が引いていると空気の中で、潮が満ちてくると水の中で暮らしているんだ」

「人間は夏にはうすぎで過ごす。家の中ではクーラーをつけてすずしくする。冬になると寒いので厚着になる。海岸の生き物は服を着たり、ぬいだりすることはない」

「暑いときにちょっとした工夫(くふう)をする貝たちの話をしたことをおぼえているかい？ もっと暑くなったらどうなると思う？」

　自然界では時々異常気象が起こり、生物が大量に死亡することがあります。温度が原因の場合、「暑すぎる夏」あるいは「寒すぎる冬」に事件が起こります。

アーマン博士の解説★
悪条件が重なり生物が大量死 ❶

　だいぶ前のことです。1986年の6月の終わりごろには、気温が平年より3℃程度高い日が1週間続きました。慰霊(いれい)の日(6月23日)には「サンゴが死んでいる」というニュースがあり、話題になったことがありました。浅い潮だまりでは水温が40℃にまであがりました。まるでおふろです。海岸を歩いていると足もとが熱く感じられたものです。私たちはいろいろな海岸で殻(から)を開けて死んでいる二枚貝や潮だまりの隅(すみ)に集められているナガウニのからを見つけました(図15-1)。

　この時期は晴天が続き、大潮でひる頃(ころ)に引き潮が観測されました。これらの条件が生物たちへのえいきょうを大きなものにしたようです。6月のおわりごろは真夏ではありません。高温だけではなく、これらのいくつかの悪い条件が重なった時に生物の大量死が起こる可能性があります。このようにいくつかの悪条件がこの時期に同時に起こることは過去にはあまり起こらなかったのかも知れませんね。

　ナガウニだけでなく、多くのサンゴが死亡しており、白い骨だけになってしまったサンゴがあちこちにみられました。

サンゴしょうに流れ込む赤土

「沖縄の赤土はいろいろ問題になるのを知っているだろう。サンゴしょうに赤土がたくさん流れこむと海水が赤くなってしまって問題が起こる」
「でも海に赤土がたくさん流れこまないようにいろいろな工夫をしているんだよ」
「たくさん赤土がサンゴしょうに流れてくると何かまずいことが起こるの」
「赤土が海岸にたまってしまうと多くの生き物が呼吸できなくなるんじゃない」
「海の水がにごってしまうから大変」
「サンゴにたくさんの光が届かなくなくなるね」
　この家族の会話はとても専門的ですね。

図15－1　高温によって大量に死亡したナガウニや部分的に死亡したサンゴなど

アーマン博士の解説★
赤土によるえいきょうを防ぐ方法

　　　　近年、陸上でさまざまな開発が行われ、大量の赤土が川を通って海に流れ出ています。赤土は、サンゴしょうの美しい海や河川(かせん)をよごしてしまい、そこに生息する生物たちの暮らしに悪いえいきょうをおよぼしてしまいます。さらに自然と人間とのかけがえのない交流の場がなくなることにもつながります。

　沖縄県(おきなわけん)では「赤土等流出防止条例」という規則を定めて赤土の流出防止に努めています。その条例では、工事によって発生する赤土の量を規制しており、赤土の流出によってえいきょうが悪くなることを防ごうとしています。工事をする人は多量の赤土が流れ出ることがないように工夫(くふう)する義務があるのです。川には砂防ダムがつくられており、流れてきた赤土が堆積(たいせき)するように工夫されています。

　農家もさまざまな努力をしています。畑の表面にわらやシートなどをしきつめると、赤土の流出を防ぐことが出来ます。これをマルチングと言います。赤土がむき出しにならないようにしておくことが大切なのです。さらに畑の周辺に土を盛って畑を囲み、雨が降った時、畑から流れ出る水が直接近くの水路に入らないように工夫しています。

　流れ出た水は沈砂池(ちんさち)と呼ばれる人工的な池に運ばれます。ここで赤土はしずんで池の底に堆積しますから、上の方のきれいな水を海に流せば、海がよごれるのを防ぐことが出来ます。たまったものを取り出すことで長い間使うことが出来ますね。

図15-2

2001年夏、大量の赤土が流れこんだために死亡してしまったハマサンゴのなかま。
右ページの写真は直径が2メートル近くもある大型のサンゴです。この大きさに成長するまでにはこのような事件は起こらなかったということは、特にこの年の状きょうが異常だったということでしょうか。

アーマン博士の解説★
悪条件が重なり生物が大量死 ❷

　　　　温度以外の条件が異常な状きょうになって事件が起こることもあります。2001年に石垣島(いしがきじま)の東岸にある轟(とどろき)川の河口周辺のサンゴしょうで起きたハマサンゴなどが大量に死んでしまった事件(図15－2)はその例です。大雨の後、大量に赤土がサンゴしょうに流れ出し、それが降りかかったハマサンゴたちが死亡してしまいました。運ばれてきた赤土などが海底にたい積する量は通常の100倍以上でした。

　この年、5月31日の早朝から低気圧が石垣地方を通過し、その日の夜には一晩で240ミリメートルという大雨を記録しました。同時に秒速11-12メートルの強い北風が、轟川からサンゴしょうに流れ出てくる大量の赤土を河口の南側に運びました。

　この海岸は南北に延びており、通常海流は南から北に向かって流れています。河口から南側に生息しているサンゴが川の水のえいきょうを受け、このような状きょうにさらされることはほとんどなかったのではないでしょうか。さらに引き潮でもあったので赤土をふくんだ大量の河川水(かせんすい)が外洋に流れ出ることなくしょう池に留(とど)まり、サンゴに悪いえいきょうをおよぼしてしまった結果であろうと考えられます。

　この場合でも複数の条件が重なったことが原因で事件が起こりました。河川水や赤土といっしょにいろいろな物質がサンゴしょうに流れこんでいると予想されますが、生物に対してそれぞれがどのようなえいきょうをおよぼしているか、詳(くわ)しいことはまだご紹介(しょうかい)できるだけの情報を持ち合わせていません。

わたしたちにできる事ってなんだろう？

100年以上なかった悪条件

「石垣島のサンゴしょうで直径が2メートル以上の多くの大型のサンゴたちが死んでしまったことがあった。そのサンゴの年れいは100才以上と考えられているよ。つまりこれらのサンゴたちが暮らしていた100年以上の期間には、これほどの悪い条件にさらされたことはなかったということになるね」
「これからどうなるんだろう」
「どうすれば赤土が流れこまなくなるんだろう。みんなでどうすればよいかを話し合って、良い方法を見つけ、行動を起こさなければならないね」

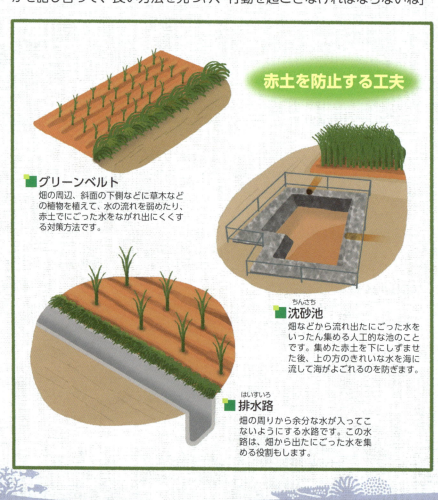

赤土を防止する工夫

グリーンベルト
畑の周辺、斜面の下側などに草木などの植物を植えて、水の流れを弱めたり、赤土でにごった水をながれ出にくくする対策方法です。

沈砂池
畑などから流れ出たにごった水をいったん集める人工的な池のことです。集めた赤土を下にしずませた後、上の方のきれいな水を海に流して海がよごれるのを防ぎます。

排水路
畑の周りから余分な水が入ってこないようにする水路です。この水路は、畑から出たにごった水を集める役割もします。

16 おどり明かそう

海底の真っ赤なダンサー

　ユキちゃんが潮だまりで真っ赤な生き物を見つけました。派手な色ですね。これはミカドウミウシで、海底に横たわっています。長さは15センチメートルぐらいあるでしょうか（図16－1）。
「ちょっとびっくりさせてみよう」と言って、おとうさんが落ちていた木の枝でそっとつつきました。
「わあ、泳ぎだした」とみんな大喜びです。
「上までうかんできたよ。真っ赤なマントがひらひらしてとてもきれい」
「フラメンコというスペインのダンスに似ているので、スパニッシュダンサーと言われているんだ」

図16－1

ミカドウミウシのダンス。岩の上に横たわっていた真っ赤な個体を木の枝でつつくと、赤いマントをひらひらとひるがえしながら海面近くまで浮いてきました。

■ 激しいダンスの理由

　どうしてこのような派手な色を身につけたのでしょう。なぜ激しくダンスをするのでしょう。私たちがながめているだけではおどり始めないようです。ダンスを見るためにはしげきをあたえる必要があることから、大きく動いて敵をびっくりさせ、自分の身をまもろうとしているのかもしれません。生き物が持っている赤い色は相手を警戒（けいかい）させるための色ではないかと考えられています。

アーマン博士の解説★
種によって異なる食べ物

　　　　　ウミウシのなかまの暮らしについて少しお話ししましょう。ウミウシとは軟体（なんたい）動物（貝やタコのなかま）で、巻き貝のグループに属（ぞく）している生き物です。分類学的にはいろいろ異なった意見があるようですが、いっぱん的には裸鰓（らさい）類（裸鰓亜目あるいは裸鰓目）というグループに属する種をウミウシと呼ぶことが多いようです。でもそれ以外の分類群に属する種で、「ウミウシ」という名をつけられた種もいますし、似たような形をした種も多くいます。これらをふくめて、広い意味でのウミウシと呼ばれることもあります。くわしいことは専門的な書物で調べてください。

　潮だまりでも多くの種が暮らしていますが、小型なのでじっくりと探さないと見つからないかも知れません。カラフルな種が多いので、最近は飼育して楽しむマニアが増えているようです。写真集も何冊か出版されています。それらを見るだけでも楽しいでしょう。大きさを考えるとミカドウミウシは例外的に大きな種といえます。

　ウミウシ類は細長くナメクジのようにも見えるので「海のナメクジ」と呼ばれています。興味深い現象の一つは種によって食べるえさが決まっていることです。ここで紹介（しょうかい）したミカドウミウシは海綿を食べます。ヒドロ虫という刺胞（しほう）動物のなかまだけを専門に食べるウミウシも多いようです。これらはヒドロ虫の体内にある刺胞（サンゴも持っていることを前にお話ししました。毒液がふくまれています）を自分の体（特にえらにある突起（とっき））にためて、敵におそわれたときの武器として使うと言われています。そのほか、コケムシ類が好きな種、海藻類（かいそうるい）を食べる種などウミウシたちのメニューはさまざまです。

■ 季節によってちがう赤ちゃんの形

「この真っ赤なミカドウミウシは大きいけど、ふつうウミウシのなかまは1センチメートルぐらいしかない小さい動物なんだ。でもかわいいのでとても人気があるよ」
「アメリカの海にすんでいるウミウシのなかまの面白いお話をしよう」とおとうさん。
「ウミウシのなかまの卵はジェリーの中にたくさん入っていて、かたまりのようになっている。カエルの卵みたいだね。ゴクラクミドリガイのなかまに、卵から出てくる赤ちゃんの形が季節によってちがうものがいるよ」
「そんなバカな」とユウ君は信じません。

■ 海藻の生育がえいきょう

　この種は緑藻のイワズタの一種（沖縄で食用にするウミブドウのなかまです）を食物としており、春先に卵のかたまり（図16－2）から生み出される幼生はプランクトン生活をします。この幼生は親とは全くちがう形をしています。ところが秋には親と似た形の赤ちゃん（幼稚仔と呼ばれています）が卵塊から出てくるのです。これを直達発生といいます。
　夏は海岸で親の食物になる海藻の生育が良いので、卵には多くの卵黄がたくわえられます。この卵黄は子供の食べ物です。幼稚仔で生まれたほうがかんきょうの変化に対してたえる力が大きいと説明されます。これに対して春先は海藻の生育があまりよくないので、あまり多くの卵黄を作ることが出来ません。そこで赤ちゃんはプランクトンとして生み出され、広い海に泳ぎ出していくのです。みなさんはどう思いますか？

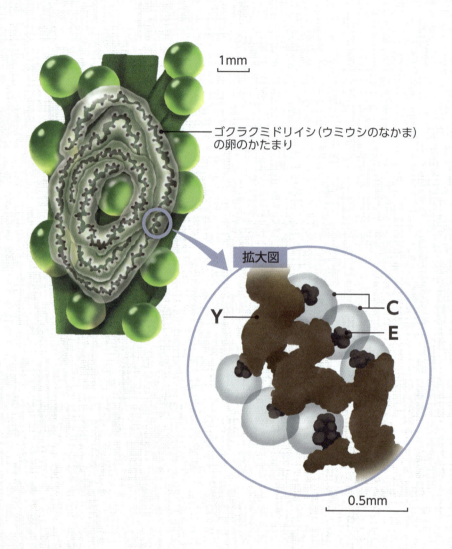

図 16 − 2

ゴクラクミドリイシというウミウシのなかまのカプセルにはいった卵のかたまりが、イワズタの一種に産み付けられています。イワズタとはウミブドウのなかまなので、ウミブドウに卵のかたまりが産み付けられている様子を想像してみてください。上の図のスケールバーは 1mm です。

下の図は拡大図で、卵黄のひも（Y）のところどころにカプセル（C）に入った卵（E）があります。スケールバーは 0.5mm です。

17 ウデフリクモヒトデのアドバイス

■ 帰る時間を教える生き物

「そろそろもどらなければならないよ」とおとうさんが言いました。
「どうして？もっとここにいたい」とこどもたちは帰りたくなさそうです。
「歌を歌いながら帰ろうか。おかあさんたちは子供のころ、『カラスが鳴くから帰ろう』『カラスといっしょに帰りましょ』と言いながら家に帰ったよ。カラスは夕方になるとねぐらがある森のほうに帰るので、子供たちに家に帰る時間を教えてくれていたかもしれないね」
「サンゴしょうにも帰る時間を教えてくれる生き物がいるんだよ」とおとうさんが言いました。
「ほら、浅い潮だまりに黒っぽい細いひものようなものがたくさん見えるだろう。ゆらゆらとゆれていないかい」
「うん、うでをふっているみたい」
「これはね、ウデフリクモヒトデというクモヒトデのなかまだよ。細長いうでをふりながらそろそろ潮が満ちてくるから岸にもどりなさい、と教えてくれているんだ」

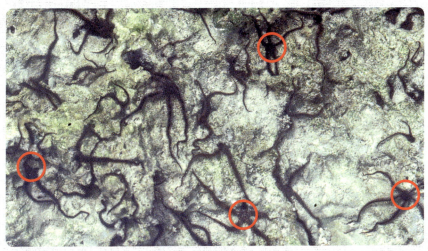

図 17 - 1　しょう原の潮だまりにいっぱい生息しているウデフリクモヒトデ。体の中央部の盤（ばん）（丸印）や何本かのうでは通常は岩のすき間に入っており、外からは見えません。

■ 満ちてくる潮に反応

　サンゴしょうの潮だまりにはウデフリクモヒトデがたくさんすんでいます（図17－1）。このクモヒトデは潮が引いている時は、あまりうでを活発に動かすことはないようです。でも潮が満ちてくると盛んにうでをふり始めます（図17－2）。2、3本のうでが裏返しになってゆれていますが、盤という中央の円ばん状の部分や他のうでは、岩かげに入っていて見当たらない個体が多いようです。潮が満ちてくる時、外洋からサンゴしょうに入ってくる海水に対して、ウデフリクモヒトデは何らかの反応をしていると思われます。何をしているのでしょう？なぜうでを裏返しにしなければならないのでしょう？

図17－2

潮が満ちてくると2-3本の腕（うで）を反転させ、海水表面にうかんでいる食物を摂取（せっしゅ）します。下は横からうつした写真
（撮影：田村　裕）

アンテナみたいだ

うでを使って食物をとる

　なぞを解くポイントは食事にあるようです。クモヒトデ類は細長いうでをしなやかに動かすことが出来ます。うでの裏側には無数の管足やトゲがあり、これらをうまく使って食物を摂取し、口に運んで食事をします。ウデフリクモヒトデは通常の状態でも、またうでを反転させた状態でも食物をとることができます。細かなトゲにからまったネバネバしたもの（粘液）の上の物質が管足によって取りはらわれ、口に運ばれます。うでを反転させて食事をするのは潮が満ちてくるときが多く、うでを水の表面に差し出さすようにしています。ここに食物が多いのでしょうか？

あわは栄養満点の食べ物

「見てごらん。水の上にあわがいっぱいあるよ（図17－3）」とおとうさんが指差します。
「あれはね、岩の上やサンゴの表面についていたものが海水ではがされたものらしいよ。あれにはあちこちではがされたものがたくさん集まっている。あれはウデフリクモヒトデにとっては栄養満点の食べ物なんだ」
「おいしくなさそう」
「どんな栄養があるの？」
「あわは水面にういているだろう。プランクトンや海水に浮いている食物になるものがあの中にからまってしまって、栄養満点のごはんになるんだ」

図17－3

潮が満ちてくると海面に大量の泡（あわ）がみられるようになります。ここにはバクテリアが繁殖（はんしょく）したり、ケイソウなどが取りこまれたりして、小動物の良いえさになります。

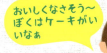

おいしくなさそう〜
ぼくはケーキがいいなぁ

「ういている食べ物をつかまえるためにうでをひっくりかえすの？」
「うん、うでの裏側に食べ物をとらえる道具があるからね」
　こどもたちは何となく納得（なっとく）しました。

アーマン博士の解説★
サンゴしょうの食物源

　最近サンゴしょうにすんでいる生物が作り出す粘液（ねんえき）の役割が、よく議論されるようになりました。サンゴのなかまがネバネバした粘液を体の外に出していることはよく知られています。これは不要になった物を体の外に出す目的があると考えられますが、その他（ほか）にも赤土などが降りかかってきたときは、それを除去するためにも使われます。

　しょう縁（えん）部に生息しているサンゴの表面についている粘液は潮が満ちてくると波によってはがされ、しょう池内に運ばれます。粘液自身が栄養分をふくんでいますから、そのままでも小魚やプランクトンの食物として利用されます。この粘液にプランクトンやバクテリア、その他の有機物がからまると、より栄養価の高い「もやもやとしたかたまり」になります。魚類はそれを効率よくとりこんで栄養をとります。またしずんだ後は海底にたまり、カニや貝などの良い食物になるでしょう。引き潮時にサンゴしょうの外に流れ出る海水にふくまれているこの凝集（ぎょうしゅう）体は外洋域の食物連さに組みこまれ、そこで重要な役割を果たしていると予想されます。

　栄養分が少ないと考えられてきたサンゴしょうで多様な生物が生息可能になっている背景には、動物の食物源としての「泡（あわ）」が果たしている重要な役割があるかも知れません。

18 天然記念物のオカヤドカリ

■ 赤ちゃんのときは海の中

　砂はまにもどってきました。さっそくシン君が何か動いているものを見つけましたよ。

図18-1　ムラサキオカヤドカリ

タイヤのあとみたいだね

図18-2　砂はまに残っていたオカヤドカリ類の足あと

「ねえ、貝が歩いているよ」
　たしかに巻き貝があるいているように見えます（図18−1）。でも歩いた後には足あとがいっぱいついていますよ（図18−2）。
「これはオカヤドカリって呼ばれているヤドカリのなかまだ。ヤドカリが巻き貝の家に入っているのは知っているだろう」
「水の中で暮らしているヤドカリとはちがうの」
「オカヤドカリの『オカ』というのは陸という意味だよ。つまり陸の上で暮らしているヤドカリのことだ。でも海にまったく入らないわけじゃない。卵から生まれたばかりの赤ちゃんは海の中で過ごしている。夏の夜に体から赤ちゃんを海の中に放しているオカヤドカリを見つけたことがあったよ」
「赤ちゃんも貝に入っているの？」
「ちがうな。生まれたばかりの赤ちゃんは海の中にうかんで、プランクトンを食べて暮らしている。このときは貝には入っていない。でも、少し大きくなって親とよく似た形に成長すると、貝を探さなければならないね。貝を見つけると、その中に入り、砂はまを歩くようになる」
「オカヤドカリのなかまは天然記念物なので、大切に保護しなければいけないよ。つかまえてはいけないよ」
「どうして？こんなにいっぱいいるじゃない？」
　ユウ君が疑問をもつのはもっともです。

アーマン博士の解説★
なぜアーマンが天然記念物？

　　　　オカヤドカリ類は1970年（昭和45年）に天然記念物に指定されました。これは小笠原諸島にいるオカヤドカリの個体数が減少して来たという調査結果があったので、保全のために指定されたものです。そのとき日本の海岸にはほとんど生息していなかったということも理由のひとつのようです。

　1972年（昭和47年）、沖縄（おきなわ）が日本に返かんされました。沖縄にはオカヤドカリのなかまはどこの海岸にもいるようなふつうの生き物なので、天然記念物といわれてもピンと来なかったかもしれませんね。そのため許可を得てオカヤドカリをつかまえることが出来る業者がいたようです。祭りのえん日などでオカヤドカリが売られていたのを愛知県や青森県で見たことがあります。これは許可をもらってつかまえたものだったのでしょう。木の箱の中にはオカヤドカリがたくさん動いていました。中に入れられた木の枝に上手に登っているオカヤドカリもいましたよ。

図18－3

グンバイヒルガオ

■ 地球が温かくなったため？

　オカヤドカリのなかまは熱帯や亜熱帯の暖かい地域で暮らしています。日本では沖縄県、鹿児島県、東京都（小笠原諸島）にすんでいるといわれてきましたが、最近では大分県、高知県、和歌山県などでも見つかるようです。沖縄で生まれた赤ちゃんが黒潮に乗ってたどり着いたかもしれません。これらの場所で生まれて育ったかどうかはわかりません。でもこれらの場所で暮らすことが出来るということは、地球が暖かくなったことと関係があるかもしれませんね。同じことは砂はまでふつうにみられるグンバイヒルガオ（図18－3）でも確認されています。現在では九州のいくつかの県や四国でも見られるようになったとの情報があります。

19 浦島太郎が助けたカメ

日本各地に残る伝説

「竜宮城は沖縄にあったそうだよ」と子供たちが話しています。
「沖縄のむかしの名前は琉球ということは知っているだろう。『りゅうぐう』と『りゅうきゅう』ってなんとなく似ていない」
「絵本に出てくる竜宮城の絵にはサンゴや熱帯魚が出てくるよ。やっぱり竜宮城はサンゴしょうがある沖縄にあったと考える人も多いだろうね。でも竜宮城の伝説は日本のあちこちにあるらしい」

卵を産むために砂はまへ

　おとうさんはウミガメの話を始めました。
「浦島太郎は浜べで子供たちにいじめられている大きなカメを助けたんだよね。海の中にいるウミガメがどうして砂はまに上がってくるのかな？」
「カメがいたら背中に乗って遊びたいな」
　シン君はむじゃきにはしゃいでいます。
「テレビでウミガメが卵を生んでいるのを見たよ」とユウ君が思い出したように言いました。

ユキちゃんが「ウミガメは泣いていたんじゃない」と続けます。
「よく覚えていたね。でも、あれはなみだじゃないよ。ウミガメは目の横にある小さな穴から何時も海水を体の外に出しているんだ。ウミガメは卵を産むために砂はまに上がってくる。昔話に出てくるカメは、そのとき子供たちにつかまってしまったんだろうね」

　ウミガメ類は海の中で泳ぎやすいように4本の足がヒレ状になっています（図19－1）。砂はまを歩くときは大変だろうなあ、と同情してしまいます。それにもかかわらず砂はまで卵を産みつけなければならないのはなぜでしょう。砂はまの方が海の中よりも卵にとって危険が少ないのでしょうか。大昔、ウミガメがどのように砂はまを見つけたのか想像してみるのも楽しいですね

アーマン博士の解説★

地球温暖化とカメの繁殖（はんしょく）

　最近読んだ本にこわい話が書いてありました。「ウミガメのオスとメスは温度によって決まる」という記事です。卵が発生するとき、29℃を境にして、高温であればメスに、低温であればオスになるというもので、冷夏あるいはとても暑い夏に、生まれてくる子ガメのオスとメスの数に大きなちがいがでてしまった例もあるそうです。

　この現象はワニやカメなどのは虫類ではよく知られていることなのですが、最近身の回りで起こっている地球温暖化のことを考え合わせるとおとぎ話ではなく、こわい話になってしまいます。もし地球の温度が高くなり、オスかメスのどちらかになってしまうと将来ウミガメは子孫を作ることが出来なくなってしまいます。それとも適温が存在する場所を探して北の方へ移動するのでしょうか。あるいは繁殖（はんしょく）時期が変わるかも知れません。

沖縄の砂はまにもどるウミガメ

「生まれたウミガメが海にもどっていく様子をテレビで見たことないかい」とおとうさんが質問します。
「あるある。かわいい子ガメがチョコチョコと海に向かって歩いていたよ」
「どうして海の方向がわかるか、ふしぎだね」
「子ガメたちは海の中で大旅行をしながら大きくなる。そしてまた沖縄の砂はまにもどってくるんだ」

図19－1　アオウミガメ

「もどってきたときのために砂はま（図19－2）をきれいにしておかなければいけないね」
「ていぼうをいっぱい作ると砂はまがなくなってしまうよ」
「でもていぼうがないと大きな波が来たとき人間がこまるんじゃない」
　子供たちはもうかんきょう問題について話し合っています。
　地球の温暖化は海流にも変化をおよぼすかも知れない、と言われています。ウミガメの移動が海流の方向などにえいきょうを受けているとすると、将来砂はまを探し当てることが出来るかどうか心配になってしまいます。

図 19 - 2　サンゴしょうにある砂はまは白くかがやいています。高波を防ぐためにていぼうを作るときも、最近は私たちが海岸で遊ぶことができるようにいろいろな工夫（くふう）がされています（下）

これからいろいろ考えていかなければいけないね。

アーマン博士の解説★
繁殖に最適な温度

ウミガメは過去にもさまざまなかんきょう条件を経験してきたと考えられますが、この 29℃という繁殖に最適な温度を求めて移動してきたのかも知れませんね。ウミガメたちが安心して卵を産みつけることが出来るかんきょうをいじするために、私たちに何ができるかについて、おとぎ話はいろいろ考えるヒントを教えてくれているようです。最近ウミガメの保護を目指してさまざまな活動が行われていますが、このように科学的な情報を集めておくことが重要な役割を果たします。

竜宮城を再び訪れれば

「浦島太郎が玉手箱を開けたとき、どうなった？」おかあさんがたずねます。

みんなが同時に答えました。
「白い煙が出て、浦島太郎はおじいちゃんになっちゃったよ」
「ずいぶん長い間、竜宮城で暮らしていたんだね」

おとうさんは何か不安げです。
「浦島太郎がもう一度竜宮城に出かけることはあるかな？竜宮城のサンゴは減っているかもしれないね。次にもどって来たら地球が変化して『砂はまがなくなっていた』、あるいは『人間が一人もいない』などというこわい話にならないようにしたいね」

サンゴがなくなってしまうときれいな魚たちもすむことができなくなるので竜宮城が引っこしをしなければなりません。カメが浦島太郎を案内出来なくなってしまうということにならないといいですね。

■ おとぎ話とサンゴしょう

　今までに一寸法師や浦島太郎のお話をしながらサンゴしょうを案内してきましたが、気になることがあります。みなさんは一寸法師や浦島太郎のお話を知っているでしょうね。あるところでサンゴしょうのお話を子供たちにしていたところ、「竜宮城」を知らない子供に出会ってしまいました。もしおとぎ話を知らない人がいたら、おとうさんやあかあさんに教えてもらってください。

20 海辺に流れ着くもの

■ 打ち上げ帯

　帰り支度(じたく)をするために荷物をまとめています。シン君は棒切れを拾って遊んでいます。子供たちは足元にいろいろなものが落ちていることに気づきました。大部分はサンゴの骨のかけらなのですが、中にはサンゴしょうには暮らしていない生き物が流れ着いています。

　海辺を歩くと、波で打ち上げられた物が帯のようになって集まっている場所があります（図20－1）。これを打ち上げ帯と言います。この中には海流によって流れ着いた植物の種子や実がたくさん見つかります（図20－2）。みなさんも一度探してみてください。遠い南の島から流れ着いた、種子や果実が見つかるかも知れません。ユキちゃんとユウ君は木の実を集めはじめました。

図20－1　砂はまにたどりついた様々なものが長い「線」になって続いています。これは満ち潮の時、海水がここまで上がってきていたことを示しています。時々「線」が2，3本みられることがあります。日によって海水面の位置がちがうことがわかります。

■ 南から流れてきた種子

　ヤシの実を見つけました。芽を出していますが、サンゴの骨のかけらの上では暮らしていけそうにありません。
「サンゴしょうの海岸に植物の種子がたどり着いても暮らしていけないだろうね」
「この大きな種は何？」
「それはゴバンノアシだ」
「めずらしいの？」
「うん、沖縄では八重山に少しあるかな。サガリバナのようなきれいな花をさかせるよ。もっと南の熱帯地方に多い植物だ」
「南の方から流れてきたんだね」
「小さな種がいっぱいあるね。植えてみようかな」
　芽を出すものがあるでしょうか？面白い自由研究のテーマですね。

図20－2

砂浜(すなはま)に漂着(ひょうちゃく)したさまざまな植物の種子。下の大きなものはパラオで撮影(さつえい)したゴバンノアシ

■ 海流で分布を広げる植物

　植物は動物と違い、自分の足で動き回ることが出来ません。では、海岸に暮らす植物たちは、どこから、どうやってここにたどり着いたのでしょう？色々な方法がありますが、代表的なものは海流散布と呼ばれる方法です。海流散布とは、植物が作る種子や実が、海にうかんで遠くまで運ばれていくことです。多くの陸上植物の種子や実は海水にさらされ

ると死んでしまいますが、海岸で暮らしている植物の多くは、海水を利用して分布を広げているのです。

海流で運ばれる種や実は、コルク質の皮を持っていたり、硬いカラの中に空気をためることができたりして、海水にうきやすくなっているのです。また、海水が中に入らないような仕組みを持っていて、種子が高い塩分にさらされても死亡しないようにできています。遠くまで運ばれるためにはとても便利ですね。

外国の文字の入ったビンや缶があるんだね みんなで考えないといけないもんだいだね

図20－3 砂はまにはこんなものも多くみられます。

■ 海岸にたまるゴミ

流れ着いているのは植物だけではありません。ペットボトルやゴミがいっぱいあることにも気づきました（図20－3）。中にはラベルに日本語ではない文字が書いてあるものがありました。外国から流れてきたのでしょうか？プラスチック製品などは海岸にたまるだけでしょうめつすることはありませんから大きなかんきょう問題です。

■ めずらしいものを拾うチャンス

　サンゴしょうから打ち上げられるものもたくさん見られます。巻き貝のカラはオカヤドカリの家になるはずです。いえいえ、もうオカヤドカリが入っているかもしれません。台風のあとはめずらしいものを拾うチャンスです。強い波で通常では打ち上げられないものを海辺で見つけることが出来ます。でもまだ波が高いかもしれませんから、よく潮が引いている日に危険がないことを確かめ、おとうさんやおかあさんといっしょにでかけましょう。

おわりに

　今日はサンゴしょうの海岸でいろいろなことを観察することができました。生き物たちが助け合って暮らしているようすも見ることが出来ました。サンゴがいっぱいいるからほかのたくさんの生き物がサンゴしょうで暮らすことができる、ということが何となくわかったような気がします。

　なかよし一家はおとうさんが運転する車で家に向かって出発しました。子供たちはつかれてしまいましたからぐっすりねむることでしょう。夢に出てくるのは楽しかったサンゴしょうのことでしょうか、それとも今夜の夕食のことでしょうか。夕ご飯を食べながらサンゴしょうで出会ったさまざまな生き物のこと、おとぎ話のことが話題になるにちがいありません。

　この家族が次に行く場所はどこでしょう。観察ノートを見せてもらうのが楽しみです。

著者：プロフィール

土屋　誠（つちや　まこと）

1948年愛知県生まれ。琉球大学名誉教授。理学博士。
1976年東北大学大学院理学研究科を修了後、東北大学助手、琉球大学教授を経て、2014年に退職。この間、琉球大学理学部長、日本サンゴ礁学会会長、環境省中央環境審議会臨時委員、Pacific Science Association事務局長などを歴任。
専門は生態学。サンゴ礁や干潟などの海岸生態系の動態解明やサンゴ礁島嶼生態系の保全が主要研究テーマ。主要編著書に、「美ら島の自然史」、「ジュゴン：海草帯からのメッセージ」「美ら島の生物ウオッチング100」、「サンゴ礁のちむやみ：生態系サービスは維持されるか」、「きずなの生態学」、などがある。

本書の作成にあたり、貴重な写真を借用させて頂いた日高道雄氏、植田正恵氏、藤原秀一氏、矢野美沙氏、藤田陽子氏、田村裕氏、およびイラスト作成を含め、企画編集にご尽力いただいた(株)東洋企画印刷のスタッフの方々には大変お世話になりました。心より感謝申し上げます。

サンゴしょうのおとぎ話
なかよし家族の観察ノート

発　行　2016年8月15日
著　者　土屋　誠
印　刷　株式会社 東洋企画印刷
製　本　沖縄製本株式会社
発売元　編集工房　東洋企画
　　　　〒901-0306 沖縄県糸満市西崎町4丁目21-5
　　　　TEL：098-995-4444　　FAX：098-995-4448
　　　　http://www.toyo-plan.co.jp/　　info@toyo-plan.co.jp

定価はカバーに表示しています。
本書の一部、または全部を無断で複製・転載・デジタルデータ化することを禁じます
ISBN978-4-905412-58-8